建筑工程预算员速查手册

褚振文　编写

U0348610

中国建筑工业出版社

图书在版编目（CIP）数据

建筑工程预算员速查手册/褚振文编写. —北京：中
国建筑工业出版社，2013.4
ISBN 978 - 7 - 112 - 15224 - 7

Ⅰ.①建…　Ⅱ.①褚…　Ⅲ.①建筑预算定额-手
册　Ⅳ.①TU723.3-62

中国版本图书馆 CIP 数据核字（2013）第 050183 号

建筑工程预算员速查手册

褚振文　编写

*

中国建筑工业出版社出版、发行（北京西郊百万庄）

各地新华书店、建筑书店经销

北京红光制版公司制版

北京富生印刷厂印刷

*

开本：850×1168 毫米　横 1/32　印张：5⅛　字数：134 千字

2013 年 5 月第一版　　2013 年 5 月第一次印刷

定价：**15.00** 元

ISBN 978-7-112-15224-7

（23269）

本书主要内容有常用面积和体积计算公式、常用钢材质量、管材规格重量、钢筋常用计算系数及公式、常用建筑工程代号和图例等。

本书可供建筑工程预算人员、施工技术人员使用。

　　　　　　　　　　　　　　　＊　＊　＊

责任编辑：封　毅　张　磊
责任设计：董建平
责任校对：陈晶晶　关　健

目　　录

1 常用面积、体积计算公式

1.1 常用求面积公式

常用求面积公式
表 1-1

图　形	尺寸符号	面积（A） 表面积（S）	重心 （G）
长方形	a——短边 b——长边 d——对角线	$A = a \cdot b$ $d = \sqrt{a^2 + b^2}$	在对角线交点上
三角形	h——高 a、b、c——对应于角 A、角 B、角 C 的边长	$A = \dfrac{bh}{2} = \dfrac{1}{2}ab\sin C$	$GD = \dfrac{1}{3}BD$ $CD = DA$

图　形	尺寸符号	面积（A） 表面积（S）	重心 （G）
平行 四边形		a、b——邻边 h——对边间的距离	$A = b \cdot h = a \cdot b \sin\alpha$ $= \dfrac{AC \cdot BD}{2} \cdot \sin\beta$	对角线交点上
梯形		$GE = AB$ $AF = CD$ $a = CD$（上底边） $b = AB$（下底边） h——高	$A = \dfrac{a+b}{2} h$	$HG = \dfrac{h}{3} \cdot \dfrac{a+2b}{a+b}$ $KG = \dfrac{h}{3} \cdot \dfrac{2a+b}{a+b}$

图　形	尺寸符号	面积（A） 表面积（S）	重心 （G）
圆形	r——半径 d——直径 P——圆周长	$A = \pi r^2 = \dfrac{1}{4}\pi d^2$ $\quad = 0.785 d^2$ $\quad = 0.07958 P^2$ $P = \pi d$	在圆心上
扇形	r——半径 s——弧长 α——弧 s 的对应中心角	$A = \dfrac{1}{2} rs = \dfrac{\alpha}{360}\pi r^2$ $s = \dfrac{\alpha\pi}{180} r$	$GO = \dfrac{2}{3}\cdot\dfrac{rb}{s}$ 当 $\alpha = 90°$时， $GO = \dfrac{4}{3}\cdot\dfrac{\sqrt{2}}{\pi} r \approx 0.6 r$

图　形	尺寸符号	面积（A） 表面积（S）	重心 （G）
圆环	R——外半径 r——内半径 D——外直径 d——内直径 t——环宽 D_{pj}——平均直径	$A=\pi\ (R^2-r^2)$ $=\dfrac{\pi}{4}\ (D^2-d^2)$ $=\pi D_{pj}\cdot t$	在圆心 O 上
弓形	r——半径 s——弧长 α——中心角 b——弦长 $\bar{\alpha}$——弧度	$A=\dfrac{1}{2}r^2\left(\dfrac{\alpha\pi}{180}-\sin\alpha\right)$ $=\dfrac{1}{2}\ [r\ (s-b)\ +bh]$ $s=ra\dfrac{\pi}{180}=0.0175r\alpha$ $h=r-\sqrt{r-\dfrac{1}{4}\bar{\alpha}^2}$ $180°=3.1416$ 弧度	$GO=\dfrac{1}{12}\cdot\dfrac{b^2}{\alpha}$ 当 $\alpha=180°$时， $GO=\dfrac{4r}{3\pi}=0.4244r$

图　形	尺寸符号	面积（A） 表面积（S）	重心 （G）
等边 多边形	a——边长 R——外接圆半径	$A_i = K_i \cdot a^2 = p_i R^2$ （K_i——系数，i 指多边形的边数；p_i——系数） 三边形 $K_3 = 0.433$ 四边形 $K_4 = 1.000$ 五边形 $K_5 = 1.720$ 六边形 $K_6 = 2.598$ 七边形 $K_7 = 3.634$ 八边形 $K_8 = 4.828$ 九边形 $K_9 = 6.182$ 十边形 $K_{10} = 7.694$	在内、外接圆心处
角隅形	R——半径 L——弧长	$A = R^2 \left(1 - \dfrac{\pi}{4} \right)$ $= 0.2146 R^2$ $= 1.1075 L^2$	

1.2 多面体的体积和表面积

多面体的体积和表面积

表 1-2

图　形	尺寸符号	体积（V）底面积（A） 表面积（S）侧表面积（S_1）	重心（G）
立方体	a——棱长 d——对角线	$V=a^3$ $S=6a^2$ $S_1=4a^2$	在对角线交点上
方楔形	底为矩形 a——边长 b——边长 h——高 a_1——上棱长	$V=\dfrac{1}{6}(2a+a_1)bh$	

6

图　形		尺寸符号	体积（V）底面积（A） 表面积（S）侧表面积（S_1）	重心（G）
长方形 （棱柱）		a、b、h——边长 O——底面对角线交点 d——对角线	$V=abh$ $S=2\,(ab+ah+bh)$ $S_1=2h\,(a+b)$ $d=\sqrt{a^2+b^2+h^2}$	$GO=\dfrac{h}{2}$
三棱柱		a、b、c——边长 h——高 O——底面中线的交点	$V=A\cdot h$ $S=(a+b+c)\cdot h+2A$ $S_1=(a+b+c)\cdot h$	$GO=\dfrac{h}{2}$

图　形		尺寸符号	体积（V）底面积（A） 表面积（S）侧表面积（S_1）	重心（G）
棱锥		O——锥底各对角线交点	$V=\dfrac{1}{3}A\cdot h$ $S=n\cdot f+A$ $S_1=n\cdot f$ （f——一个组合三角形的面积； n——组合三角形的个数）	$GO=\dfrac{h}{4}$
棱台		h——底面间的距离	$V=\dfrac{1}{3}h\ (A_1+A_2+\sqrt{A_1\cdot A_2})$ $S=an+A_1+A_2$ $S_1=an$ （A_1、A_2——两平行底面的面积； a——一个组合梯形的面积；n—— 组合梯形数）	$GO=\dfrac{h}{4}\times$ $\dfrac{A_1+2\ \sqrt{A_1\cdot A_2}+3A_2}{A_1+\sqrt{A_1A_2}+A_2}$

图　形	尺寸符号	体积（V）底面积（A） 表面积（S）侧表面积（S_1）	重心（G）
圆柱和空心圆柱（管）	R——外半径 r——内半径 t——柱壁厚度 S_1——内外侧面积	圆柱：$V=\pi R^2 h$ $\qquad S=2\pi Rh+2\pi R^2$ $\qquad S_1=2\pi Rh$ 空心直圆柱： $V=\pi h\ (R^2-r^2)\ =2\pi RPth$ （P——平均半径） $S=2\pi\ (R+r)\ h+2\pi\ (R^2-r^2)$ $S_1=2\pi\ (R+r)\ h$	$GO=\dfrac{h}{2}$
直圆锥	r——底面半径 h——高 l——母线长	$V=\dfrac{1}{3}\pi r^2 h$ $S_1=\pi r\ \sqrt{r^2+h^2}=\pi rl$ $l=\sqrt{r^2+h^2}$ $S=S_1+\pi r^2$	$GO=\dfrac{h}{4}$

9

图　形	尺寸符号	体积（V）底面积（A） 表面积（S）侧表面积（S₁）	重心（G）
圆台	r、R——下上底面半径 h——高 l——母线长	$V=\dfrac{\pi h}{3}$（R^2+r^2+Rr） $S_1=\pi l$（$R+r$） $l=\sqrt{(R-r)^2+h^2}$ $S=S_1+\pi$（R^2+r^2）	$GO=\dfrac{h}{4}\cdot\dfrac{R^2+2Rr+3r^2}{R^2+Rr+r^2}$
球	r——半径 d——直径	$V=\dfrac{4}{3}\pi r^3=\dfrac{\pi d^3}{6}$ 　　$=0.5236d^3$ $S=4\pi r^2=\pi d^2$	在球心上
球扇形 （球楔）	r——球半径 d——弓形底圆直径 h——弓形高	$V=\dfrac{2}{3}\pi r^2h=2.0944^2h$ $S=\dfrac{\pi r}{2}$（$4h+d$） 　　$=1.57r$（$4h+d$）	$GO=\dfrac{3}{8}$（$2r-h$）

图　形	尺寸符号	体积（V）底面积（A） 表面积（S）侧表面积（S_1）	重心（G）
球缺	h——球缺的高 r——球缺半径 d——平均圆直径	$V = \pi h^2 \left(r - \dfrac{h}{3} \right)$ $S_曲 = 2\pi rh = \pi \left(\dfrac{d^2}{4} + h^2 \right)$ $S = \pi h\ (4r - h)$ $d^2 = 4h\ (2r - h)$ （$S_曲$——曲面面积；S——球缺表面积）	$GO = \dfrac{3}{4} \cdot \dfrac{(2r-h)^2}{3r-h}$
圆球体	R——圆球体平均半径 D——圆球体平均直径 d——圆球体截面直径 r——圆球体截面半径	$V = 2\pi^2 Rr^2$ $\quad = \dfrac{1}{4}\pi^2 Dd^2$ $S = 4\pi^2 Rr$ $\quad = \pi^2 Dd = 39.478Rr$	在环中心上

图　形	尺寸符号	体积（V）底面积（A） 表面积（S）侧表面积（S_1）	重心（G）
球台	R——球半径 r_1、r_2——下、上底面半径 h——腰高	$V=\dfrac{\pi h}{6}\ (3r_1^2+3r_2^2+h^2)$ $S_1=2\pi Rh$ $S=2\pi Rh+\pi\ (r_1^2+r_2^2)$	$GO=\dfrac{3}{2h}\cdot\dfrac{T_1^4-T_2^4}{3r_1^2+3r_2^2+h^2}$
交叉圆柱体	r——圆柱半径 L_1、L——圆柱长	$V=\pi r^2\left(L+L_1-\dfrac{2r}{3}\right)$	在二轴线交点上
梯形体	a、b——下底边长 a_1、b_1——上底边长 h——上下底边距离（高）	$V=\dfrac{h}{6}\ [\ (2a+a_1)\ b+\ (2a_1+$ $a)\ b_1]$ $=\dfrac{h}{6}\ [ab+\ (a+a_1)\ (b+b_1)$ $+a_1b_1]$	

12

2 常用钢材重量

2.1 常用金属材料密度表

常用金属材料密度

表 2-1

名　称	密度（g/cm³）	名　称	密度（g/cm³）
银	10.49	铅	11.34
铝	2.7	铁	7.87
金	19.3	钢材	7.85
铜	8.9	不锈钢	7.64～8.10，平均 7.87

2.2 圆钢、方钢重量表

圆钢、方钢重量

表 2-2

圆　钢						方　钢		
直径 （mm）	截面积 （mm²）	重量 （kg/m）	直径 （mm）	截面积 （mm²）	重量 （kg/m）	对边 （mm）	截面积 （mm²）	重量 （kg/m）
4	12.60	0.099	18	254.50	2.000	7	49	0.39

圆　钢						方　钢		
直径（mm）	截面积（mm²）	重量（kg/m）	直径（mm）	截面积（mm²）	重量（kg/m）	对边（mm）	截面积（mm²）	重量（kg/m）
5	19.63	0.154	19	283.50	2.230	8	64	0.50
5.5	23.76	0.187	20	314.20	2.470	9	81	0.64
6	28.27	0.222	21	346.00	2.720	10	100	0.79
6.5	33.18	0.260	22	380.10	2.980	11	121	0.95
7	38.48	0.302	24	452.40	3.550	12	144	1.13
8	50.27	0.395	25	490.90	3.850	13	169	1.33
9	63.62	0.499	26	530.90	4.170	14	196	1.54
10	78.54	0.617	28	615.80	4.830	15	225	1.77
11	95.03	0.746	30	706.90	5.550	16	256	2.01
12	113.10	0.888	32	804.20	6.310	17	289	2.27
13	132.70	1.040	34	907.90	7.130	18	324	2.54
14	153.90	1.210	35	962.00	7.550	19	361	2.83
15	176.70	1.390	36	1018.00	7.990	20	400	3.14
16	201.10	1.580	38	1134.00	8.900	21	441	3.46
17	227.00	1.780	40	1257.00	9.870	22	484	3.80

2.3 冷拔高强度钢丝规格重量表

冷拔高强度钢丝规格重量 表 2-3

序 号	直 径 (mm)	断面面积 (mm)	重 量 (kg/m)	抗拉强度 (N/mm²)	屈服强度 (N/mm²)
1	2.5	4.91	0.039	1900	1520
2	3	7.06	0.056	1800	1440
3	3	7.06	0.056	1500	1200
4	4	12.56	0.099	1700	1360
5	5	19.63	0.154	1600	1280

2.4 刻痕钢丝规格重量表

刻痕钢丝规格重量 表 2-4

序号	直径 (mm)	断面面积 (mm²)	重 量 (kg/m)	抗拉强度 (N/mm²)		屈服强度 (N/mm²)	
				Ⅰ 组	Ⅱ 组	Ⅰ 组	Ⅱ 组
1	2.5	4.91	0.034	1900	1600	1520	1280
2	3	7.06	0.056	1800	1500	1440	1200

15

序号	直径 （mm）	断面面积 （mm²）	重量 （kg/m）	抗拉强度（N/mm²）		屈服强度（N/mm²）	
				Ⅰ组	Ⅱ组	Ⅰ组	Ⅱ组
3	4	12.56	0.096	1700	1400	1360	1120
4	5	19.63	0.15	1600	1300	1280	1040

注：刻痕钢丝是由预应力混凝土结构用碳素钢丝（冷拔高强钢丝）经特制的"流痕机"进行刻痕而制成的预应力混凝土结构用的钢丝。

2.5 六角钢理论重量表

六角钢理论重量　　　　　　　　　　　　　　表 2-5

序号	内切圆直径 （mm）	断面面积 （cm²）	理论重量 （kg/m）
1	8	0.5542	0.435
2	9	0.7015	0.551
3	10	0.866	0.680
4	11	1.048	0.823
5	12	1.247	0.979
6	13	1.463	1.15

序号	内切圆直径 （mm）	断面面积 （cm²）	理论重量 （kg/m）
7	14	1.697	1.33
8	15	1.948	1.53
9	16	2.217	1.74
10	17	2.490	1.96
11	18	2.806	2.20
12	19	3.126	2.45
13	20	3.464	2.72
14	21	3.822	3.00
15	22	4.191	3.29
16	23	4.581	3.59
17	24	4.993	3.92
18	25	5.412	4.25
19	26	5.847	4.59
20	27	6.313	4.96
21	28	6.790	5.33
22	30	7.794	6.12
23	32	8.868	6.96
24	34	10.010	7.86
25	36	11.220	8.81

序号	内切圆直径 （mm）	断面面积 （cm²）	理论重量 （kg/m）
26	38	12.510	9.82
27	40	13.860	10.88
28	42	15.270	11.99
29	45	17.540	13.77
30	48	20.000	15.66

2.6 等边角钢重量表

等边角钢重量 表 2-6

尺寸（mm）		断面积（cm²）	重量（kg/m）
边　宽	边　厚		
20	3	1.14	0.89
	4	1.46	1.15
25	3	1.43	1.12
	4	1.86	1.64
30	3	1.75	1.37
	4	2.28	1.79
	5	2.78	2.18

尺寸（mm）		断面积（cm²）	重量（kg/m）
边　宽	边　厚		
32	3	1.86	1.46
	4	2.43	1.91
35	4	2.67	2.10
	5	3.28	2.57
36	3	2.11	1.65
	4	2.76	2.16
	5	3.38	2.65
38	4	2.88	2.26
	5	3.55	2.79
40	3	2.36	1.85
	4	3.09	2.42
	5	3.79	2.98
	6	4.48	3.52
45	3	2.66	2.09
	4	3.49	2.74
	5	4.29	3.37
	6	5.08	3.99
50	3	2.97	2.33
	4	3.90	3.06
	5	4.80	3.77
	6	5.69	4.47

尺寸（mm）		断面积（cm²）	重量（kg/m）
边　宽	边　厚		
56	3	3.34	2.62
	4	4.39	3.45
	5	5.42	4.25
	8	8.37	6.57
63	4	4.98	3.95
	5	6.14	4.82
	6	7.29	5.72
	8	9.52	7.47
	10	11.66	9.15
70	4	5.57	4.37
	5	6.88	5.40
	6	8.16	6.41
	7	9.42	7.40
	8	10.67	8.37
75	5	7.37	5.82
	6	8.80	6.91
	7	10.16	7.98
	8	11.50	9.03
	10	14.13	11.09

尺寸（mm）		断面积（cm²）	重量（kg/m）
边 宽	边 厚		
80	5	7.91	6.12
	6	9.00	7.38
	7	10.86	8.53
	8	12.30	9.66
90	6	10.64	8.35
	7	12.30	9.66
	8	13.94	10.95
	10	17.17	13.48
	12	20.31	15.94
	14	23.40	18.40
100	6	11.93	9.37
	7	13.80	10.83
	8	15.64	12.28
	10	19.26	15.12
	12	22.80	17.90
	14	26.26	20.61
	16	29.63	26.26
110	7	15.20	11.93
	8	17.24	13.53
	10	21.26	16.69
	12	25.20	19.78

尺寸（mm）		断面积（cm²）	重量（kg/m）
边　宽	边　厚		
120	10	23.30	18.30
	12	27.60	21.70
	14	31.90	25.10
	16	36.10	28.40
	18	40.30	31.60
130	10	25.30	19.80
	12	30.00	23.60
	14	34.70	27.30
	16	39.30	30.90
140	10	27.37	21.49
	12	32.51	25.52
	14	37.57	29.49
	16	42.54	33.39
150	12	34.90	27.40
	14	40.40	31.70
	16	45.80	36.00
	18	51.10	40.10
	20	56.40	44.30
180	12	42.24	33.16
	14	48.90	38.38
	16	55.47	43.54
	18	61.96	48.63

尺寸（mm）		断面积（cm²）'	重量（kg/m）
边　宽	边　厚		
200	14	54.58	42.89
	16	62.00	48.68
	18	69.30	54.40
	20	76.50	60.06
220	14	60.38	47.40
	16	68.40	53.83
	20	84.50	66.43
	24	100.40	78.80
	28	115.90	91.00
250	16	78.40	61.55
	18	87.72	68.86
	20	96.96	76.12

2.7　不等边角钢重量表

不等边角钢重量　　　　　　　　　　　　　表 2-7

尺寸（mm）			断面积 （cm²）	重　量（kg/m）
长　边	短　边	边　厚		
25	16	3	1.16	0.91
		4	1.50	1.18

続表

尺寸（mm）			断面积（cm²）	重量（kg/m）
长 边	短 边	边 厚		
30	20	3 4	1.43 1.86	1.12 1.46
32	20	3 4	1.49 1.94	1.17 1.52
35	20	4 5	2.06 2.52	1.62 1.98
40	25	3 4	1.89 2.49	1.48 1.94
45	30	4 6	2.88 4.81	2.26 3.28
50	32	3 4	2.42 3.17	1.90 2.49
56	36	4 5	3.58 4.41	2.81 3.46
60	40	5 6 8	4.83 5.72 7.44	3.79 4.49 5.84
63	40	4 5 6 9	4.04 4.98 5.90 7.68	3.17 3.91 4.64 6.03

尺寸（mm）			断面积 （cm²）	重　量（kg/m）
长　边	短　边	边　厚		
70	45	4.5 5	5.07 5.60	3.98 4.39
75	50	5 6 8 10	6.11 7.25 9.47 11.60	4.80 5.69 7.43 9.11
80	50	5 6	6.36 7.55	5.00 5.92
80	55	6 8 10	7.85 10.30 12.60	6.16 8.06 9.90
90	56	5.5 6 8	7.86 8.54 11.17	6.17 6.70 8.77
100	75	5 8 12	13.50 16.70 19.70	10.60 13.10 15.50

尺寸（mm）			断面积 （cm²）	重 量（kg/m）
长 边	短 边	边 厚		
120	80	8	15.60	12.20
		10	19.20	15.10
		12	22.80	17.90
130	90	8	17.20	13.50
		10	21.30	16.70
		12	25.20	19.80
		14	29.10	22.80
150	100	10	24.30	19.10
		12	28.80	22.60
		14	33.30	26.20
		16	37.70	29.60
180	120	12	34.90	27.40
		14	40.40	31.70
		16	45.80	35.90
200	120	12	37.30	29.20
		14	43.20	33.90
		16	49.00	38.40

2.8 槽钢重量表

槽钢重量 表 2-8

号 数	高	腿 长	腹 厚	重量（kg/m）
		(mm)		
5	50	37	4.5	5.44
6.5	65	40	4.8	6.70
8	80	43	5.0	8.04
10	100	48	5.3	10.00
12	120	53	5.5	12.06
14A 14B	140	58 60	6.0 8.0	14.53 16.73
16A 16B	160	63 65	6.5 8.5	17.23 19.74
18A 18B	180	68 70	7.0 9.0	20.17 22.99
20A 20B	200	73 75	7.0 9.0	22.63 25.77
22A 22B	220	77 73	7.0 9.0	24.99 28.45

号　数	高	腿　长	腹　厚	重量(kg/m)
		(mm)		
24A	240	78	7.0	26.55
24B		80	9.0	30.62
24C		82	11.0	34.36
27A	270	82	7.5	30.83
27B		84	9.5	35.07
27C		86	11.5	39.30
30A	300	85	7.5	35.45
30B		87	9.5	39.16
30C		89	11.5	43.81
33A	330	88	8.0	38.70
33B		90	10.0	43.88
33C		92	12.0	49.06
26A	360	96	9.0	47.80
26B		98	11.0	53.45
26C		100	13.0	59.10
40A	400	100	10.5	58.91
40B		102	12.5	65.19
40C		104	14.5	71.47

2.9 轻型槽钢重量表

轻型槽钢重量

表 2-9

号数	高	腿长	腹厚	重量
	(mm)			(kg/m)
5	50	32	4.4	4.84
6.5	65	36	4.4	5.9
8	80	40	4.5	7.05
10	100	46	4.5	8.59
12	120	52	4.8	10.4
14A	140	58	4.9	12.3
14B	140	62	4.9	13.3
16A	160	64	5.0	14.2
16B	160	68	5.0	15.3
18A	180	70	5.1	16.3
18B	180	74	5.1	17.4
20A	200	76	5.2	18.4
20B	200	80	5.2	19.8
22A	220	82	5.4	21.0
22B	220	87	5.4	22.6

号数	高	腿长	腹厚	重量
	(mm)			(kg/m)
24A	240	90	5.6	24.0
24B	240	95	5.6	25.8
27	270	95	6.0	27.7
30	300	100	6.5	31.8
33	330	105	7.0	36.5
36	360	110	7.5	41.9
40	400	115	8.0	48.3

注：工字钢槽钢钢号后面带有 A、B、C 的表示腿宽和腹厚不同。

3 常用管材重量

3.1 镀锌钢管重量表

镀锌钢管重量

表 3-1

规格型号	公称口径		壁　厚	每米重量
	（mm）	（in）	（mm）	（kg）
DN15	15	1/2	2.75	1.33
DN20	20	3/4	2.75	1.73
DN25	25	1	3.25	2.57
DN32	32	5/4	3.25	3.32
DN40	40	3/2	3.5	4.07
DN50	50	2	3.5	5.17
DN70	70	5/2	3.75	7.04
DN80	80	3	4	8.84
DN100	100	4	4	11.50
DN125	125	5	4.5	16.85
DN150	150	6	4.5	22.29

注：镀锌后的钢管重量按钢管重量加 6%。

3.2 焊接钢管重量表

规格型号	公称口径		外径（mm）	壁厚（mm）	理论重量（kg/m）	加厚钢管壁厚（mm）	加厚理论重量（kg/m）
	内径（mm）	英寸					
DN15	15	1/2	21.25	2.75	1.25	3.25	1.44
DN20	20	3/4	26.75	2.75	1.63	3.50	2.01
DN25	25	1	33.50	3.25	2.42	4.00	2.91
DN32	32	5/4	42.25	3.25	3.13	4.00	3.77
DN40	40	2/3	48.00	3.50	3.84	4.25	4.58
DN50	50	2	60.00	3.50	4.88	4.50	6.16
DN70	70	5/2	75.50	3.75	6.64	4.50	7.88
DN80	80	3	88.50	4.00	8.34	4.75	9.81
DN100	100	4	114.00	4.00	10.85	5.00	13.44
DN125	125	5	140.00	4.50	15.40	5.50	18.24
DN150	150	6	165.00	4.50	17.81	5.50	21.63

3.3 无缝钢管重量表(热拔管)

无缝钢管重量(热拔管)

外径 (mm)	管壁厚度(mm)							
	2.5	2.8	3	4	5	6	7	8
	每米重量(kg)							
32	1.76	2.02	2.15	2.76	3.33	3.85	4.32	4.74
38	2.19	2.43	2.59	3.35	4.07	4.74	5.35	5.92
42	2.44	2.70	2.89	3.75	4.56	5.33	6.04	6.71
45	2.62	2.91	2.11	4.04	4.93	5.77	6.56	7.30
50	2.93	2.25	2.48	4.54	5.55	6.51	7.42	8.26
54			2.77	4.93	6.04	7.10	8.11	9.08
57			2.00	4.23	6.41	7.55	8.63	9.67
60			2.22	5.52	6.78	7.99	9.15	10.29
63.5			2.48	5.87	7.21	8.51	9.75	10.95
68			2.81	6.31	7.77	9.17	10.51	11.84
70			2.96	6.51	8.01	9.47	10.88	12.23
73			5.18	6.81	8.38	9.91	11.39	12.82
76			5.40	7.10	8.75	10.36	11.91	13.42
83				7.79	9.62	11.39	13.12	14.80
89				8.38	10.36	12.28	14.16	15.98
95				8.98	11.17	13.17	15.19	17.16
102			9.67	11.96	14.21	16.40	18.55	
108			10.26	12.70	15.09	17.44	19.73	

外径 (mm)	管壁厚度(mm)							
	2.5	2.8	3	4	5	6	7	8
	每米重量(kg)							
114				10.85	13.44	15.89	18.47	20.19
121				11.54	14.30	17.02	19.68	22.29
127				12.13	15.04	17.90	20.72	23.48
133				12.73	15.78	18.79	21.75	24.66
140					16.65	19.83	22.96	26.04
146					17.39	20.72	24.00	27.28
152					18.13	21.60	25.03	28.41
159					18.99	22.64	26.24	29.79
158					20.10	23.97	27.79	31.57
180					21.59	25.75	29.87	33.93
190					23.31	27.82	32.28	36.70
203						29.14	33.83	38.47
219						31.52	36.60	41.63
245							41.09	46.76
273							45.29	52.28
299								57.41
325								62.54
351								67.67

3.4 无缝钢管重量表(冷拔管)

无缝钢管重量表(冷拔管)

表 3-4

外径 (mm)	管 壁 厚 度 (mm)												
	1.6	1.8	2.0	2.2	2.5	2.8	3.0	3.2	3.5	4.0	4.5	5.0	6.0
	每 米 重 量 (kg)												
5	0.134												
6	0.174	0.186	0.197										
7	0.213	0.230	0.247	0.260	0.277								
8	0.253	0.275	0.296	0.315	0.339								
9	0.292	0.319	0.345	0.369	0.401	0.427							
10	0.332	0.363	0.395	0.423	0.462	0.496	0.518	0.536	0.561				
11	0.371	0.407	0.444	0.477	0.524	0.566	0.592	0.615	0.647				
12	0.411	0.452	0.493	0.532	0.586	0.635	0.666	0.694	0.734	0.789			
14	0.490	0.541	0.592	0.640	0.709	0.772	0.814	0.852	0.906	0.986			
16	0.568	0.629	0.691	0.747	0.832	0.910	0.962	1.010	1.080	1.180	1.280	1.350	
18	0.647	0.717	0.789	0.856	0.956	1.050	1.110	1.170	1.250	1.380	1.500	1.600	
20	0.726	0.806	0.888	0.965	1.080	1.190	1.260	1.330	1.420	1.580	1.720	1.850	2.070

外径 (mm)	管 壁 厚 度 (mm)														
	1.6	2.0	2.2	2.5	2.8	3.0	3.2	3.5	4.0	5.0	6.0	7.0	8.0	9.0	10.0
	每 米 重 量 (kg)														
22	0.806	0.986	1.07	1.20	1.33	1.41	1.49	1.60	1.77	2.10	2.37				
25	0.925	1.13	1.24	1.39	1.53	1.63	1.72	1.86	2.07	2.47	2.81	3.11			
28	1.040	1.28	1.40	1.57	1.74	1.85	1.96	2.11	2.37	2.84	3.26	3.63			
29	1.076	1.33	1.47	1.63	1.83	1.92	2.02	2.20	2.47	2.96	3.40	3.80			
30	1.12	1.38	1.51	1.70	1.88	2.00	2.12	2.29	2.56	3.08	3.55	3.97	4.34		
32	1.20	1.48	1.62	1.76	2.02	2.15	2.28	2.46	2.76	3.33	3.85	4.32	4.74		
34	1.28	1.58	1.72	1.94	2.15	2.29	2.43	2.63	2.96	3.58	4.14	4.66	5.13		
36	1.36	1.68	1.83	2.07	2.29	2.44	2.59	2.81	3.16	3.82	4.44	5.01	5.52		
38	1.44	1.78	1.94	2.19	2.43	2.59	2.75	2.98	3.35	4.07	4.74	5.35	5.92	6.44	
40	1.52	1.87	2.05	2.31	2.56	2.74	2.91	3.15	3.55	4.32	5.03	5.70	6.31	6.88	
42	1.60	1.97	2.16	2.44	2.70	2.89	3.07	3.32	3.75	4.56	5.33	6.04	6.71	7.32	
45	1.71	2.12	2.32	2.62	2.91	3.11	3.31	3.58	4.04	4.93	5.77	6.56	7.30	7.99	8.63
48	1.83	2.27	2.48	2.81	3.11	3.33	3.54	3.84	4.34	5.30	6.21	7.08	7.89	8.65	9.37

外径 (mm)	管 壁 厚 度 (mm)								
	1.0	1.4	1.8	2.0	2.2	2.8	3.0	3.2	4.0
	每 米 重 量 (kg)								
50	1.21	1.68	2.14	2.37	2.59	3.25	3.48	3.70	4.54
53	1.28	1.78	2.27	2.51	2.76	3.46	3.70	3.94	4.83
(54)	1.31	1.82	2.31	2.56	2.81	3.53	3.77	4.02	4.93
(56)	1.36	1.89	2.40	2.66	2.92	3.66	3.92	4.17	5.13
60	1.46	2.02	2.58	2.86	3.13	3.94	4.22	4.49	5.52
63	1.53	2.13	2.71	3.01	3.30	4.15	4.44	4.73	5.81
65	1.58	2.20	2.80	3.11	3.40	4.29	4.59	4.89	6.02
70	1.70	2.37	3.02	3.35	3.68	4.63	4.96	5.28	6.51
75	1.82	2.54	3.24	3.60	3.95	4.97	5.32	5.68	7.00
80		2.71	3.47	3.84	4.22	5.32	5.69	6.07	7.49
85		2.88	3.69	4.09	4.48	5.66	6.06	6.46	7.98
90		3.05	3.91	4.34	4.76	6.01	6.43	6.86	8.47
95		3.21	4.13	4.59	5.02	6.36	6.81	7.26	8.98
100		3.40	4.35	4.83	5.30	6.70	7.17	7.65	9.46
110		3.74	4.81	5.32	5.84	7.39	7.92	8.43	10.46
120			5.25	5.83	6.38	8.07	8.66	9.22	11.44
125			5.46	6.06	6.64	8.42	9.02	9.61	11.91
130						8.78	9.40	10.00	12.43
140							10.11	10.79	13.42
150							10.85	11.52	14.39

外径 (mm)	管 壁 厚 度（mm）								
	5.0	6.0	7.0	8.0	9.0	10.0	11.0	12.0	14.0
	每 米 重 量（kg）								
50	5.55	6.51	7.42	8.29	9.10	9.89	10.59	11.25	
53	5.92	6.95	7.94	8.88	9.77	10.60	11.39	12.13	
(54)	6.04	7.10	8.11	9.08	9.99	10.85	11.67	12.43	
(56)	6.29	7.40	8.40	9.47	10.43	11.34	12.21	13.02	
60	6.78	7.99	9.15	10.26	11.32	12.33	13.29	14.21	15.88
63	7.14	8.41	9.57	10.81	11.96	13.05	14.07	15.09	
65	7.40	8.73	10.01	11.25	12.43	13.36	14.65	15.68	
70	8.01	9.47	10.88	12.23	13.54	14.80	16.01	17.16	19.33
75	8.62	10.47	11.71	13.17	14.61	15.99	17.31	18.65	
80	9.24	10.91	12.59	14.15	15.71	17.22	18.66	20.10	
85	9.86	11.65	13.45	15.13	16.85	18.45	20.01	21.60	
90	10.47	12.39	14.31	16.11	17.95	19.67	21.43	23.08	
95	11.10	13.17	15.19	17.16	19.09	20.96	22.79	24.56	
100	11.71	13.87	16.03	18.09	20.15	22.19	24.14	26.04	
110	12.93	15.04	17.75	20.08	22.50	24.70	26.85	29.00	
120	14.30	16.89	19.50	22.10	24.70	27.20	29.57	31.96	
125	14.80	17.55	20.35	23.08	25.75	28.36	30.92	33.44	
130	15.48	18.35	21.20	24.10	26.90	29.70	32.27	34.92	
140	16.65	19.83	22.96	26.04	29.08	32.06	34.99	37.88	
150	17.85	21.25	24.68	28.01	31.29	34.52	37.71	40.84	

3.5 安装工程常用钢管理论重量表

表 3-5

名称型号规格	单位重量(kg)	名称型号规格	单位重量(kg)
1. 焊接钢管		32	3.32
$Dg15$	1.25	40	4.07
20	1.63	50	5.17
25	2.42	70	7.04
32	3.13	80	8.84
40	3.34	100	11.50
50	4.88	125	15.94
70	6.64	150	18.88
80	8.34	3. 电线套管	
100	10.85	$Dg\ 13\delta=1.6$	0.449
125	15.04	$16\delta=1.6$	0.592
150	17.81	$19\delta=1.8$	0.784
2. 镀锌钢管		$25\delta=1.8$	1.083
$Dg15$	1.33	$32\delta=1.8$	1.374
20	1.73	$38\delta=1.8$	1.686
25	2.57	$51\delta=2.0$	2.512

4 钢筋常用计算公式与数据

4.1 钢筋理论长度计算公式表

钢筋理论长度计算公式

表 4-1

钢筋名称	钢筋简图	计 算 公 式
直筋	——	构件长－两端保护层厚
直钩		构件长－两端保护层厚＋1个弯钩长度
板中弯起筋		构件长－两端保护层厚＋2×0.268×(板厚－上下保护层厚)＋两个弯钩长
		构件长－两端保护层厚＋0.268×(板厚－上下保护层厚)＋2个弯钩长

钢筋名称	钢筋简图	计 算 公 式
板中弯起筋	30°	构件长−两端保护层厚+0.268×（板厚−上下保护层厚）+（板厚−上下保护层厚）+一个弯钩长
	30°	构件长−两端保护层厚+2×0.268×（板厚−上下保护层厚）+2×（板厚−上下保护层厚）
	30°	构件长−两端保护层厚+0.268×（板厚−上下保护层厚）+（板厚−上下保护层厚）
		构件长−两端保护层厚+2×（板厚−上下保护层厚）
梁中弯起筋	45°	构件长−两端保护层厚+2×0.414×（梁高−上下保护层厚）+两个弯钩长

钢筋名称	钢筋简图	计 算 公 式
梁中弯起筋		构件长－两端保护层厚＋2×0.414×（梁高－上下保护层厚）＋2×（梁高－上下保护层厚）＋两个弯钩长
		构件长－两端保护层厚＋0.414×（梁高－上下保护层厚）＋两个弯钩长
		构件长－两端保护层厚＋0.414×（梁高－上下保护层厚）＋两个弯钩长
		构件长－两端保护层厚＋2×0.414×（梁高－上下保护层厚）＋2×（梁高－上下保护层厚）

备注：梁中弯起筋的弯起角度，如果弯起角度为60°，则表中系数0.414改为0.577

4.2 弯起钢筋长度尺寸表

弯起钢筋长度尺寸

表4-2

弯起钢筋形状	与左图有关之基本数值			
	α	S	L	$S-L$
	30°	2.00H	1.73H	0.27H
	45°	1.41H	1.00H	0.41H
	60°	1.15H	0.58H	0.57H

H (cm)	α=30°			H (cm)	α=45°			H (cm)	α=60°		
	S	L	S-L		S	L	S-L		S	L	S-L
6	12	10	2	20	28	20	8	75	86	44	42
7	14	12	2	25	35	25	10	80	92	46	46
8	16	14	2	30	42	30	12	85	98	49	49
9	18	16	2	35	49	35	14	90	104	52	52
10	20	17	3	40	56	40	16	95	109	55	54
11	22	19	3	45	63	45	18	100	115	58	57
12	24	21	3	50	71	50	21	105	121	61	60
13	26	22	4	55	78	55	23	110	127	64	63
14	28	24	4	60	85	60	25	115	132	67	65
15	30	26	4	65	92	65	27	120	138	70	68
16	32	28	4	70	99	70	29	125	144	73	71
17	34	29	5	75	106	75	31	130	150	75	75
18	36	31	5	80	113	80	33	135	155	78	77
19	38	33	5	85	120	85	35	140	161	81	80

(1) 10mm 以下环筋可按混凝土梁（柱）之外围周长计算，不减混凝土保护层厚度，亦不另加弯钩长度。

(2) 10mm 以上的环筋，计算长度按下式：

环筋长度 $= 2(A+B)+25$mm

4.3 钢筋混凝土梁、板钢筋弯起增加长度表

钢筋混凝土梁、板钢筋弯起增加长度 表 4-3

钢筋直径 (mm)	两端弯勾增加长度	板厚或梁高	弯起净高 H	$\alpha=30°$	$\alpha=45°$	$\alpha=60°$
				每端增加长度（cm）		
	(cm)			$0.27H$	$0.41H$	$0.57H$
6	8	10	7	2	3	4
8	10	12	9	2	4	5
9	12	14	11	3	5	6
10	12	16	13	3	5	8
12	15	25	20	5	8	12
14	18	35	30	8	12	17
16	20	45	40	11	17	23
18	22	55	50	13	21	29
19	24	60	55	15	23	32
20	25	65	60	16	25	35
22	28	75	70	19	29	40
25	32	90	85	23	35	49
28	35	100	95	25	39	55
32	40	120	115	31	48	66
36	45	140	135	36	56	78
40	50	160	155	42	64	89

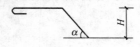

附注：

（1）混凝土保护层，板为 15mm，梁为 25mm。

（2）表内含 H 栏为减去保护层弯起钢筋之净高。

4.4 纵向受力钢筋的混凝土保护层最小厚度表

纵向受力钢筋的混凝土保护层厚小厚度（mm）   表 4-4

环境类别		板、墙			梁			柱			基础梁（有垫层/无垫层）		基础底板（有垫层/无垫层）
		≤C20	C25~C45	≥C50	≤C20	C25~C45	≥C50	≤C20	C25~C45	≥C50	C25~C45		C25~C45
一		20	15	15	30	25	25	30	30	30	25		—
二	a	—	20	20	—	30	30	—	30	30	顶面和侧面：30	底面：≥40 且 ≥基础底板底筋混凝土保护层最小厚度与底板底筋直径之和	顶筋20，底筋：40/70
	b	—	25	20	—	35	30	—	35	30	顶面和侧面：35		顶筋25，底筋：40/70
三		—	30	25	—	40	35	—	40	35	顶面和侧面：40		顶筋30，底筋：40/70

注：1. 混凝土保护层指受力钢筋外边缘至混凝土表面的距离，除应符合表中的规定外，不应小于钢筋的公称直径 d。
　　2. 设计使用年限为 100 年的结构：一类环境中，混凝土保护层厚度应按表中规定增加 40%；二、三类环境中，混凝土保护层厚度应采取专门有效措施。
　　3. 三类环境中的钢筋宜采用环氧树脂涂层带肋钢筋。
　　4. 墙中分布钢筋的保护层厚度不应小于表中相应数值减去 10mm，且不应小于 10mm，柱中箍筋和构造钢筋的保护层厚度不应小于 15mm。
　　5. 当桩直径或桩截面边长＜800 时，桩顶嵌入承台 50mm，承台底部受力纵向钢筋最小保护层厚度为 50mm；当桩直径或截面边长≥800mm 时，桩顶嵌入承台 100mm，承台底部受力纵筋最小保护层厚度为 100mm。
　　6. 表中纵向受力钢筋因受力支承相互交叉或钢筋需要双向排列时，应首先保证最外层钢筋的保护层厚度，其余各层钢筋的保护层厚度则相应增加。

4.5 混凝土结构的环境类别表

混凝土结构的环境类别

表 4-5

环境类别		条 件
一		室内正常环境
二	a	室内潮湿环境；非严寒和非寒冷地区的露天环境、与无侵蚀性的水或土壤直接接触的环境
	b	严寒和寒冷地区的露天环境、与无侵蚀性的水或土壤直接接触的环境
三		使用除冰盐的环境；严寒和寒冷地区冬季水位变动的环境；滨海室外环境

注：严寒和寒冷地区的划分应符合国家现行标准《民用建筑热工设计规程》JGJ 24 的规定。

4.6 纵向受拉钢筋的非抗震锚固长度表

纵向受拉钢筋的非抗震锚固长度 l_a （mm）

表 4-6

钢筋种类		混凝土强度等级								
		C20		C25		C30		C35		≥C40	
		$d{\leqslant}25$	$d{>}25$	$d{\leqslant}25$	$d{>}25$	$d{\leqslant}25$	$d{>}25$	$d{\leqslant}25$	$d{>}25$	$d{\leqslant}25$	$d{>}25$
HPB235、HPB300	普通钢筋	$31d$	$31d$	$27d$	$27d$	$24d$	$24d$	$22d$	$22d$	$20d$	$20d$
HRB335	普通钢筋	$39d$	$42d$	$34d$	$37d$	$30d$	$33d$	$27d$	$30d$	$25d$	$27d$
	环氧树脂涂层钢筋	$48d$	$53d$	$42d$	$46d$	$37d$	$41d$	$34d$	$37d$	$31d$	$34d$

钢筋种类		混凝土强度等级									
		C20		C25		C30		C35		≥C40	
		$d{\leqslant}25$	$d{>}25$	$d{\leqslant}25$	$d{>}25$	$d{\leqslant}25$	$d{>}25$	$d{\leqslant}25$	$d{>}25$	$d{\leqslant}25$	$d{>}25$
HRB400 RRB400	普通钢筋	$48d$	$51d$	$40d$	$44d$	$36d$	$39d$	$33d$	$36d$	$30d$	$33d$
	环氧树脂涂层钢筋	$58d$	$63d$	$50d$	$55d$	$45d$	$49d$	$41d$	$45d$	$37d$	$41d$

注：1. 当弯锚时，有些部位的锚固长度为$\geqslant 0.4l_a+15d$，见各类构件的标准构造详图。
2. 当钢筋在混凝土施工过程中易受扰动（如滑模施工）时，其锚固长度应乘以修正系数1.1。
3. 在任何情况下，受拉钢筋的锚固长度l_a不得小于250mm。
4. HPB235、HPB300钢筋为受拉时，其末端应做成180°弯钩，弯钩平直段长度不小于$3d$。当为受压时可不做弯钩，表中长度不包括钢筋末端180°弯钩长度。
5. 当锚固区的混凝土保护层厚度大于$3d$且配有箍筋时，其锚固长度可取$0.8l_a$。
6. 受压钢筋的锚固不应小于表中长度的0.7倍。

4.7　纵向受拉钢筋的抗震锚固长度表

纵向受拉钢筋的抗震锚固长度 l_a（mm）　　　　　　　　　　表4-7

混凝土强度等级与抗震等级 钢筋种类与直径			C20		C25		C30		C35		≥C40	
			二级抗震等级	三级抗震等级	二级抗震等级	三级抗震等级	一、二级抗震等级	三级抗震等级	一、二级抗震等级	三级抗震等级	一、二级抗震等级	三级抗震等级
HPB235、HPB300	普通钢筋	—	$36d$	$33d$	$31d$	$28d$	$27d$	$25d$	$25d$	$23d$	$23d$	$21d$

混凝土强度等级与抗震等级 钢筋种类与直径			C20		C25		C30		C35		≥C40	
			二级抗震等级	三级抗震等级	二级抗震等级	三级抗震等级	一、二级抗震等级	三级抗震等级	一、二级抗震等级	三级抗震等级	一、二级抗震等级	三级抗震等级
HRB335	普通钢筋	≤25	44d	41d	38d	35d	34d	31d	31d	29d	29d	26d
		>25	49d	45d	42d	39d	38d	34d	34d	31d	32d	29d
	环氧树脂涂层钢筋	≤25	55d	51d	48d	44d	43d	39d	39d	36d	36d	33d
		>25	61d	56d	53d	48d	47d	43d	43d	39d	39d	36d
HRB400 RRB400	普通钢筋	≤25	53d	49d	46d	42d	41d	37d	37d	34d	34d	31d
		>25	58d	53d	51d	46d	45d	41d	41d	38d	38d	34d
	环氧树脂涂层钢筋	≤25	66d	61d	57d	53d	51d	47d	47d	43d	43d	39d
		>25	73d	67d	63d	58d	56d	51d	51d	47d	47d	43d

注：1. 四级抗震等级：$l_{aE}=l_a$，其值见表 4-6。

2. 当弯锚时，有些部位的锚固长度为 ≥$0.4l_{aE}+15d$，见各类构件标准构造说明。

3. 当 HRB335、HRB400、RRB400 级纵向受拉钢筋末端采用机械锚固措施时，包括附加锚固端头在内的锚固长度按其是否抗震可取为相应锚固长度的 0.7 倍（注意：基础中通常不采用该类锚措施）。机械锚固形式及构造要求详见本图集的相关内容。

4. 当钢筋在混凝土施工过程中易受扰动（如滑模施工）时，其锚固长度应乘以修正系数 1.1。

5. 在任何情况下，受拉钢筋的抗震锚固长度 l_{aE} 不得小于 250mm。

6. 受压钢筋的锚固不应小于表中的 0.7 倍。

4.8 纵向受拉钢筋的最小搭接长度表

纵向受拉钢筋的最小搭接长度

表 4-8

钢筋类型		符号	混凝土强度等级			
			C15	C20~C25	C30~C35	≥C40
光圆钢筋	HPB235、HPB300 级	Φ	45d	35d	30d	25d
带肋钢筋	HRB335 级	Φ	55d	45d	35d	30d
	HRB400 级、RRB400 级	Φ	—	55d	40d	35d

4.9 受压钢筋的最小搭接长度表

受压钢筋的最小搭接长度

表 4-9

钢筋类型		符号	混凝土强度等级			
			C15	C20~C25	C30~C35	≥C40
光圆钢筋	HPB235、HPB300 级	Φ	32d	25d	21d	18d
带肋钢筋	HRB335 级	Φ	39d	32d	25d	21d
	HRB400 级、RRB400 级	Φ	—	39d	28d	25d

注：两根不同钢筋的搭接长度，以较细钢筋的直径计算。

说明：

（1）当纵向受拉钢筋的绑扎搭接接头面积百分率不大于 25％时，其最小搭接长度应符合表 4-8 的规定。

（2）当纵向受拉钢筋的绑扎搭接接头面积百分率大于 25％，但不大于 50％时，其最小搭接长度应按表 4-8 中的数值乘以系数 1.2 取用；当接头面积百分率大于 50％时，应按表 4-8 中的数值乘以系数 1.35 取用。

（3）当符合下列条件时，纵向受拉钢筋的最小搭接长度应根据说明（1）条至（2）条确定后，按下列规定进行修正：

①当带肋钢筋的直径大于 25mm 时，其最小搭接长度应按相应数值乘以系数 1.1 取用；

②对环氧树脂涂层的带肋钢筋，其最小搭接长度应按相应数值乘以系数 1.25 取用；

③当在混凝土凝固过程中受力钢筋易受扰动时（如滑模施工），其最小搭接长度应按相应数值乘以系数 1.1 取用；

④对末端采用机械锚固措施的带肋钢筋，其最小搭接长度可按相应数值乘以系数 0.7 取用；

⑤当带肋钢筋的混凝土保护层厚度大于搭接钢筋直径的 3 倍且配有箍筋时，其最小搭接长度可按相应数值乘以系数 0.8 取用；

⑥对有抗震设防要求的结构构件，其受力钢筋的最小搭接长度对一、二级抗震等级应按相应数值乘以系数 1.15 采用，对三级抗震等级应按相应数值乘以系数 1.05 采用。

在任何情况下，受拉钢筋的搭接长度不应小于 300mm。

（4）纵向受压钢筋搭接时，其最小搭接长度应根据本说明（1）条至（3）条的规定确定相应数值后，乘以系数 0.7 取用，其最小搭接长度应符合表 4-9。在任何情况下，受压钢筋的搭接长度不应小于 200mm。

（5）现浇构件中钢筋未注明长度者（如圈梁等），一般按定尺 9m 左右计算钢筋的搭接长度。

4.10 钢筋弯钩搭接长度计算表

钢筋弯钩搭接长度计算

表 4-10

名称 钢筋直径（mm）／倍数长度（cm）	平筋搭接	平筋弯钩	竖筋搭接	斜筋挑钩	弯钩搭接
形状	30d	6.25d	20d	38d	6.25d 30d
	30d	6.25d	20d	38d	36.25d
6	18	4.0	12	23	22.0
8	24	5.0	16	30	29.0
9	27	6.0	18	34	33.0
10	30	6.0	20	38	36.0
12	36	7.5	24	46	43.5
14	42	9.0	28	53	51.0

4.11 圆柱每米高度内螺旋箍筋长度计算表

圆柱每米高度内螺旋箍筋长度计算   表 4-11

圆柱直径（mm）		200	250	300	350	400	450	500	550
保护层厚（mm）		20	25	25	25	25	25	25	25
螺旋箍筋间距（mm）	50	10.11	12.64	15.79	18.93	22.00	25.18	28.33	31.43
	60	8.42	10.53	13.15	15.77	18.37	20.98	23.60	26.19
	80	6.32	7.95	9.12	11.89	13.84	15.80	17.76	19.70
	100	5.09	6.36	7.93	9.51	10.07	12.64	14.21	15.76
	150	3.39	4.25	5.29	6.34	7.39	8.43	9.48	10.51

4.12 钢筋机械锚固的形式及构造要求表

钢筋机械锚固的形式及构造要求

表 4-12

形式	图　　形	备　　注
末端带135°弯钩	末端带135°弯钩	1. 当采用机械锚固措施时，包括附加锚固端头在内的锚固长度；抗震时可取 $0.7l_{aE}$，非抗震时为 $0.7l_a$ 2. 机械锚固长度范围内的箍筋不应少于 3 个，其直径不应小于纵筋直径的 0.25 倍，其间距不应大于纵筋直径的 5 倍。当纵筋钢筋的混凝土保护层厚度不小于钢筋直径的 5 倍时，可不配置上述箍筋
末端与钢板穿孔塞焊	末端与钢板穿孔塞焊	
末端与短钢筋双面贴焊	末端与短钢筋双面贴焊	

4.13 同一连接区段内纵向受拉钢筋的连接表

同一连接区段内纵向受拉钢筋的连接

表 4-13

连接形式	图　　形	备　　注
绑扎搭接接头	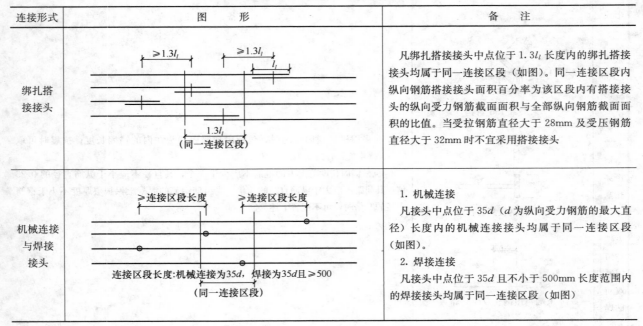	凡绑扎搭接接头中点位于 $1.3l_l$ 长度内的绑扎搭接接头均属于同一连接区段（如图）。同一连接区段内纵向钢筋搭接接头面积百分率为该区段内有搭接接头的纵向受力钢筋截面面积与全部纵向钢筋截面面积的比值。当受拉钢筋直径大于 28mm 及受压钢筋直径大于 32mm 时不宜采用搭接接头
机械连接与焊接接头		1. 机械连接 凡接头中点位于 35d（d 为纵向受力钢筋的最大直径）长度内的机械连接接头均属于同一连接区段（如图）。 2. 焊接连接 凡接头中点位于 35d 且不小于 500mm 长度范围内的焊接接头均属于同一连接区段（如图）

5 预算编制常用数据

5.1 常用方格网点计算公式表

常用方格网点计算公式

表 5-1

内　　　容	图　　　示	计　算　公　式
零点线计算		$b_1 = \dfrac{ah_1}{h_1 + h_2}$ $c_1 = \dfrac{ah_2}{h_2 + h_4}$ $b_2 = \dfrac{ah_4}{h_4 + h_2} = a - c_1$ $c_2 = \dfrac{ah_3}{h_3 + h_1} = a - b_1$
一点填方或挖方（三角形）		$V = \dfrac{bc}{2} \cdot \dfrac{\Sigma h}{3} = \dfrac{1}{6} bc \Sigma h$ 当 $b = c = a$ 时 $V = \dfrac{a^2 \Sigma h}{6}$

内　容	图　示	计　算　公　式
二点填方或挖方（梯形）		$V = \dfrac{b+c}{2}a\dfrac{\Sigma h}{4} = \dfrac{(b+c)a\Sigma h}{8}$
三点填方或挖方（五角形）		$V = \left(a^2 - \dfrac{bc}{2}\right)\dfrac{\Sigma h}{5}$
四点填方或挖方（正方形）		$V = \dfrac{a^2}{4}\Sigma h$ $= \dfrac{a^2}{4}(h_1 + h_2 + h_3 + h_4)$

注：1. a——一个方格的边长（m）；b、c——零点到一角的边长（m）；h_1、h_2、h_3、h_4——各角点的施工高程（m），用绝对值代入；Σh——填方或挖方施工高程的总和（m）；V——挖、填方体积（m³）。

2. 本表公式按各计算图形底面积乘以平均施工高程而得出的。

5.2 槽及坑的计算公式表

槽及坑的计算公式

表 5-2

种　　类	计 算 公 式	图　示
1. 不放坡和不支挡土板槽（沟）	$V = h(a + 2c)l$	
2. 放坡的槽（沟） a. 由垫层下表面起放坡 b. 由垫层上表面放坡	$V = h(a + 2c + Kh)l$ $V = h_1(a + Kh_1)l + ah_2 l$	

种　类	计　算　公　式	图　示
3. 带挡土板的槽（沟）	$V = h(a+2c+0.20)l$	
4. 放坡的方形或长方形地坑	$V = h(a+2c)(b+2c) + Kh^2\left[(a+2c)+(b+2c)+\dfrac{4}{3}Kh\right]$ 或简化： $V = (a+2c+Kh)(b+2c+Kh)\times h + \dfrac{1}{3}K^2h^3$	

58

种　类	计　算　公　式	图　示
5. 放坡的圆形地坑	$V = \dfrac{1}{3}\pi h(R_1^2 + R_2^2 + R_1 R_2)$	

注：1. 表中计算公式字母代表：V——体积；h——高度；a——宽度；c——工作面；l——长度；R——半径；K——放坡系数。

2. $\dfrac{1}{3}K^2 h^3$ 值为地坑四角的角锥体积。

5.3 土壤分类规定表

土 壤 分 类 规 定

表 5-3

土 壤 分 类	土 壤 名 称	鉴 别 方 法
一类土（松软土）	1. 略有黏性砂土；2. 腐殖土及疏松的种植土；3. 泥炭	用锹，少许用脚蹬或用板锄挖掘
二类土（普通土）	1. 潮湿的黏性土和黄土；2. 软的盐土和碱土；3. 含有建筑材料碎屑、碎石、卵石的堆积土和种植土	用锹、条锄挖掘，需用脚蹬，少许用镐
三类土（坚土）	1. 中等密度的黏性土或黄土；2. 含有碎石、卵石或建筑材料碎屑的潮湿的黏性土或黄土	主要用镐、条锄挖掘，少许用锹
四类土（砂砾坚土）	1. 竖硬密实的黏性土或黄土；2. 含有体积 10%～30%，重量在 25kg 以下碎石、砾石的中等密实黏性土或黄土；3. 硬化的重盐土	全部用镐、条锄挖掘，少许用撬棍挖掘

5.4 预制钢筋混凝土方桩体积表

预制钢筋混凝土方桩体积

表 5-4

桩截面 （mm）	桩尖长 （mm）	桩 长 （m）	混凝土体积 （m³）		桩截面 （mm）	桩尖长 （mm）	桩 长 （m）	混凝土体积 （m³）	
			A	B				A	B
250×250	400	3.00	0.171	0.188	320×320	400	3.00	0.280	0.307
		3.50	0.202	0.229			3.50	0.331	0.358
		4.00	0.233	0.250			4.00	0.382	0.410
		5.00	0.296	0.312			5.00	0.485	0.512
		每增减0.5	0.031	0.031			每增减0.5	0.051	0.051
300×300	400	3.00	0.246	0.270	350×350	400	3.00	0.335	0.368
		3.50	0.291	0.315			3.50	0.396	0.429
		4.00	0.336	0.360			4.00	0.457	0.490
		5.00	0.426	0.450			5.00	0.580	0.613
							6.00	0.702	0.735
							8.00	0.947	0.980
		每增减0.5	0.045	0.045			每增减0.5	0.0613	0.0613

桩截面 （mm）	桩尖长 （mm）	桩　长 （m）	混凝土体积 （m³）		桩截面 （mm）	桩尖长 （mm）	桩　长 （m）	混凝土体积 （m³）	
			A	B				A	B
400×400	400	5.00	0.757	0.800	400×400	400	10.00	1.557	1.600
		6.00	0.917	0.960			12.00	1.877	1.920
		7.00	1.077	1.120			15.00	2.357	2.400
		8.00	1.237	1.280			每增减0.5	0.08	0.08

注：1. 混凝土体积栏中，A栏为理论计算体积。B栏为按工程量计算的体积。

　　2. 桩长包括桩尖长度。混凝土体积理论计算公式：

$$V = (L \times A) + \frac{1}{3} A \cdot H$$

式中　V——体积；

　　　L——桩长（不包括桩尖长）；

　　　A——桩截面面积；

　　　H——桩尖长。

5.5 爆扩桩体积表

爆 扩 桩 体 积   表 5-5

桩身直径 (mm)	桩头直径 (mm)	桩长 (m)	混凝土体积 (m³)	桩身直径 (mm)	桩头直径 (mm)	桩长 (m)	混凝土体积 (m³)	桩身直径 (mm)	桩头直径 (mm)	桩长 (m)	混凝土体积 (m³)
250	800	3.0	0.376	300	1000	3.0	0.665	400	1000	3.0	0.775
		3.5	0.401			3.5	0.701			3.5	0.838
		4.0	0.425			4.0	0.736			4.0	0.901
		4.5	0.451			4.5	0.771			4.5	0.964
		5.0	0.471			5.0	0.807			5.0	1.027
250	1000	3.0	0.622	300	1200	3.0	1.032	400	1200	3.0	1.156
		3.5	0.647			3.5	1.068			3.5	1.219
		4.0	0.671			4.0	1.103			4.0	1.282
		4.5	0.696			4.5	1.138			4.5	1.345
		5.0	0.720			5.0	1.174			5.0	1.408
每增减		0.50	0.025	每增减		0.50	0.036	每增减		0.50	0.064

注：1. 桩长系指桩的全长包括桩头。

2. 计算公式：$V = A(L-D) + (1/6\pi D^2)$；

式中 V——体积；

       A——截面面积；

       L——桩长（包括桩尖）；

       D——球体直径。

5.6 混凝土灌注桩体积表

混凝土灌注桩体积表

表 5-6

桩直径 （mm）	套管外径 （mm）	桩 长 （m）	混凝土体积 （m³）	桩直径 （mm）	套管外径 （mm）	桩 长 （m）	混凝土体积 （m³）
300	325	3.00	0.2489	300	351	5.00	0.4838
		3.50	0.2904			5.50	0.5322
		4.00	0.3318			6.00	0.5806
		4.50	0.3733			每增减 0.10	0.0097
		5.00	0.4148	400	459	3.00	0.4965
		5.50	0.4563			3.50	0.5793
		6.00	0.4978			4.00	0.6620
		每增减 0.10	0.0083			4.50	0.7448
300	351	3.00	0.2903			5.00	0.8275
		3.50	0.3387			5.50	0.9103
		4.00	0.3870			6.00	0.9930
		4.50	0.4354			每增减 0.10	0.0165

注：混凝土体积：$V = \pi r^2$

式中　r——套管外径的半径。

5.7 标准砖等高式砖基础大放脚折加高度与增加断面积表

标准砖等高式砖基础大放脚折加高度与增加断面积

表 5-7

放脚层数	折加高度（mm）						增加断面积（m²）
	$\frac{1}{2}$砖 (0.115)	1 砖 (0.24)	$1\frac{1}{2}$砖 (0.365)	2 砖 (0.49)	$2\frac{1}{2}$砖 (0.615)	3 砖 (0.74)	
一	0.137	0.066	0.043	0.032	0.026	0.021	0.01575
二	0.411	0.197	0.129	0.096	0.077	0.064	0.04725
三	0.822	0.394	0.259	0.193	0.154	0.128	0.0945
四	1.369	0.656	0.432	0.321	0.259	0.213	0.1575
五	2.054	0.984	0.647	0.482	0.384	0.319	0.2363
六	2.876	1.378	0.906	0.675	0.538	0.447	0.3308
七		1.838	1.208	0.900	0.717	0.596	0.4410
八		2.363	1.553	1.157	0.922	0.766	0.5670
九		2.953	1.742	1.447	1.153	0.958	0.7088
十		3.609	2.372	1.768	1.409	1.171	0.8663

注：1. 本表按标准砖双面放脚，每层等高 12.6cm（二皮砖，二灰缝）砌出 6.25cm 计算。

2. 本表折加墙基高度的计算，以 240mm×115mm×53mm 标准砖、1cm 灰缝及双面大放脚为准。

3. 折加高度(m) = $\dfrac{放脚断面积(m^2)}{墙厚(m)}$。

4. 采用折加高度数字时，取两位小数，第三位以后四舍五入。采用增加断面数字时，取三位小数，第四位以后四舍五入。

5.8 标准砖不等高式砖基础大放脚折加高度与增加断面积表

标准砖不等高式砖基础大放脚折加高度与增加断面积

表 5-8

放脚层数	折加高度（mm）						增加断面积（m²）
	$\frac{1}{2}$ 砖 (0.115)	1 砖 (0.24)	$1\frac{1}{2}$ 砖 (0.365)	2 砖 (0.49)	$2\frac{1}{2}$ 砖 (0.615)	3 砖 (0.74)	
一	0.137	0.066	0.043	0.032	0.026	0.021	0.0158
二	0.343	0.164	0.108	0.080	0.064	0.053	0.0394
三	0.685	0.320	0.216	0.161	0.128	0.106	0.0788
四	1.096	0.525	0.345	0.257	0.205	0.170	0.1260
五	1.643	0.788	0.518	0.386	0.307	0.255	0.1890
六	2.260	1.083	0.712	0.530	0.423	0.331	0.2597
七		1.444	0.949	0.707	0.563	0.468	0.3465
八			1.208	0.900	0.717	0.596	0.4410
九				1.125	0.896	0.745	0.5513
十					1.088	0.905	0.6694

注：1. 本表适用于间隔式砖墙基大放脚（即底层为二皮开始高 12.6cm，上层为一皮砖高 6.3cm，每边每层砌出 6.25cm）。

2. 本表折加墙基高度的计算，以 240mm×115mm×53mm 标准砖，1cm 灰缝及双面大放脚为准。

3. 折加高度(m)=$\dfrac{\text{放脚断面积}(\text{m}^2)}{\text{墙厚}(\text{m})}$。

5.9 钢筋混凝土杯形基础体积表

钢筋混凝土杯形基础体积 表 5-9

柱断面 (mm)	杯形柱基规格尺寸（mm）										基础混凝土用量（米³/个）
	A	B	a	a_1	b	b_1	H	h_1	h_2	h_3	
400×400	1300	1300	550	1000	550	1000	600	300	200	200	0.66
	1400	1400	550	1000	550	1000	600	300	200	200	0.73
	1500	1500	550	1000	550	1000	600	300	200	200	0.80
	1600	1600	550	1000	550	1000	600	300	200	200	0.87
	1700	1700	550	1000	550	1000	700	300	250	200	1.04
	1800	1800	550	1000	550	1000	700	300	250	200	1.13
	1900	1900	550	1000	550	1000	700	300	250	200	1.22
	2000	2000	550	1100	550	1100	800	400	250	200	1.63
	2100	2100	550	1100	550	1100	800	400	250	200	1.74
	2200	2200	550	1100	550	1100	800	400	250	200	1.86
	2300	2300	550	1200	550	1200	800	400	250	200	2.12
400×600	2300	1900	750	1400	550	1200	800	400	250	200	1.92
	2300	2100	750	1450	550	1250	800	400	250	200	2.13
	2400	2200	750	1450	550	1250	800	400	250	200	2.26
	2500	2300	750	1450	550	1250	800	400	250	200	2.40
	2600	2400	750	1550	550	1350	800	400	250	200	2.68
	3000	2700	750	1550	550	1350	1000	500	300	200	2.83
	3300	3900	750	1550	550	1350	1000	600	300	200	4.63

柱断面	杯形柱基规格尺寸（mm）										基础混凝土用量
（mm）	A	B	a	a_1	b	b_1	H	h_1	h_2	h_3	（米³/个）
400×700	2500	2300	850	1550	550	1350	900	500	250	200	2.76
	2700	2500	850	1550	550	1350	900	500	250	200	3.16
	3000	2700	850	1550	550	1350	1000	500	300	200	3.89
	3300	2900	850	1550	550	1350	1000	600	300	200	4.60
	4000	2800	850	1750	550	1350	1000	700	300	200	6.02
400×800	3000	2700	950	1700	550	1350	1000	500	300	200	3.90
	3300	2900	950	1750	550	1350	1000	600	300	200	4.65
	4000	2800	950	1750	550	1350	1000	700	300	250	5.98
	4500	3000	950	1850	550	1350	1000	800	300	250	7.93
500×800	3000	2700	950	1700	650	1450	1000	500	300	200	3.96
	3300	2900	950	1750	650	1450	1000	600	300	200	4.70
	4000	2800	950	1750	650	1450	1000	700	300	250	6.02
	4500	3000	950	1850	650	1450	1200	800	300	250	7.99
500×1000	4000	2800	1150	1950	650	1450	1200	800	300	250	6.90
	4500	3000	1150	1950	650	1450	1200	800	300	250	8.00

5.10 钢筋混凝土柱基杯口体积表

钢筋混凝土柱基杯口体积   表 5-10

杯口深度 (mm)	柱断面（mm）					
	400×400	400×600	400×700	400×800	500×800	500×1000
	柱基杯口每个体积（m³）					
500	0.138	—	—	—	—	—
550	0.152	—	—	—	—	—
600	0.166	0.229	0.260	—	—	—
650	—	0.248	0.282	—	—	—
700	—	—	—	0.340	—	—
750	—	0.286	0.325	0.364	—	—
800	—	—	—	0.389	0.463	—
850	—	—	—	—	0.492	0.598
900	—	—	—	—	0.521	0.633
950	—	—	—	—	—	0.668

注：钢筋混凝土柱基杯口上口与下口放 25mm 计算。

5.11 屋面坡度系数表

屋面坡度系数　　　　　　　　　　　　　　　　　　　　表 5-11

坡　　度			延尺系数	隔延尺系数	坡　　度			延尺系数	隔延尺系数
$\frac{H}{A}$	$\frac{H}{L}$	角度 (θ)	K_C ($A=1$)	K_D ($A=1$)	$\frac{H}{A}$	$\frac{H}{L}$	角度 (θ)	K_C ($A=1$)	K_D ($A=1$)
1	1/2	45°	1.4142	1.7321	0.400	1/5	21°48′	1.0770	1.4697
0.750		36°52′	1.2500	1.6008	0.350		19°17′	1.0594	1.4569
0.700		35°	1.2207	1.5779	0.300		16°42′	1.0440	1.4457
0.666	1/3	33°40′	1.2015	1.5620	0.250	1/8	14°02′	1.0308	1.4362
0.650		33°01′	1.1926	1.5564	0.200	1/10	11°19′	1.0198	1.4283
0.600		30°58′	1.1662	1.5362	0.150		8°32′	1.0112	1.4221
0.577		30°	1.1547	1.5270	0.125	1/16	7°8′	1.0078	1.4191
0.550		28°49′	1.1413	1.5170	0.100	1/20	5°42′	1.0050	1.4177
0.500	1/4	26°34′	1.1180	1.5000	0.083	1/24	4°45′	1.0035	1.4166
0.450		24°14′	1.0966	1.4839	0.066	1/30	3°49′	1.0022	1.4157

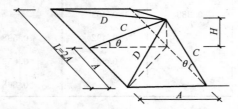

计算公式:

1. 坡屋面的水平投影面积为 F 时,其斜面积(即实际面积)为: $F_C = F \times K_C$

2. 四坡水屋面的斜脊长度为: $D = A \times K_D$

3. 沿山墙泛水一条边的长度为: $C = A \times K_C$

5.12 顶棚粉刷工程量计算系数参考表

顶棚粉刷工程量计算系数参考   表 5-12

序号	项　目	单　位	工程量系数	备　注
1	钢筋混凝土肋形板顶棚底粉刷	m²	1.20	按水平投影面积×系数
2	钢筋混凝土密肋小梁顶棚底粉刷	m²	1.40	按水平投影面积×系数
3	钢筋混凝土雨篷、阳台顶台粉刷	m²	1.70	按水平投影面积×系数
4	钢筋混凝土雨篷、阳台底面粉刷	m²	0.80	按水平投影面积×系数
5	钢筋混凝土拦板粉刷	m²	2.10	按垂直投影面积×系数

5.13 外窗台抹灰面积折算表

外窗台抹灰面积折算   表 5-13

墙厚 (mm)	外窗台宽度（mm）											
	560	600	660	800	900	1000	1200	1420	1500	1740	1800	2400
	折　算　面　积　（m²）											
240	0.274	0.288	0.310	0.360	0.396	0.432	0.504	0.582	0.612	0.698	0.720	0.936
365	0.365	0.384	0.413	0.480	0.528	0.576	0.672	0.778	0.816	0.931	0.960	1.248
490	0.456	0.480	0.516	0.600	0.660	0.720	0.840	0.972	1.020	1.164	1.200	1.560

5.14 屋面保温找坡层平均厚度折算表

屋面保温找坡层平均厚度折算　　　　　　　　　　　　　　　　表 5-14

类别	屋面坡度		屋　面　跨　度　(m)														
			4	5	6	7	8	9	10	11	12	13	14	15	18	21	24
			找坡层平均折算厚度（m）														
双坡屋面	$\frac{1}{10}$	10%	0.100	0.125	0.150	0.175	0.200	0.225	0.250	0.275	0.300	—	—	—	—	—	—
	$\frac{1}{12}$	8.3%	0.083	0.104	0.125	0.146	0.167	0.188	0.208	0.229	0.250	0.271	0.292	0.312	0.375	0.437	0.500
	$\frac{1}{33.3}$	3.0%	0.030	0.038	0.045	0.053	0.060	0.063	0.075	0.083	0.090	0.098	0.105	0.113	0.135	0.158	0.180
	$\frac{1}{40}$	2.5%	0.250	0.310	0.038	0.044	0.050	0.056	0.063	0.069	0.075	0.081	0.088	0.094	0.113	0.131	0.150
	$\frac{1}{50}$	2%	0.020	0.025	0.030	0.035	0.040	0.045	0.050	0.055	0.060	0.065	0.070	0.075	0.090	0.105	0.120
	$\frac{1}{67}$	1.5%	0.015	0.019	0.023	0.026	0.030	0.034	0.038	0.041	0.045	0.049	0.053	0.056	0.068	0.079	0.099
	$\frac{1}{100}$	1%	0.010	0.013	0.015	0.018	0.020	0.023	0.025	0.028	0.030	0.033	0.035	0.038	0.045	0.053	0.060
单坡屋面	$\frac{1}{10}$	10%	0.200	0.250	0.300	0.350	0.400	0.450	0.500	0.550	0.600	—	—	—	—	—	—

类别	屋面坡度		屋　面　跨　度　（m）														
			4	5	6	7	8	9	10	11	12	13	14	15	18	21	24
			找坡层平均折算厚度（m）														
单坡屋面	$\frac{1}{12}$	8.3%	0.167	0.208	0.250	0.292	0.333	0.375	0.416	0.458	0.500	—	—	—	—	—	—
	$\frac{1}{33.3}$	3%	0.060	0.075	0.090	0.105	0.120	0.135	0.150	0.165	0.180	0.195	0.210	0.225	0.270	0.315	0.360
	$\frac{1}{40}$	2.5%	0.050	0.063	0.075	0.088	0.100	0.113	0.125	0.138	0.150	0.163	0.175	0.188	0.225	0.263	0.300
	$\frac{1}{50}$	2%	0.040	0.050	0.060	0.070	0.080	0.090	0.100	0.110	0.120	0.130	0.140	0.150	0.180	0.210	0.240
	$\frac{1}{67}$	1.5%	0.030	0.038	0.045	0.053	0.060	0.068	0.075	0.083	0.090	0.098	0.106	0.112	0.136	0.158	0.180
	$\frac{1}{100}$	1%	0.020	0.025	0.030	0.035	0.040	0.045	0.050	0.055	0.060	0.065	0.070	0.075	0.090	0.105	0.120

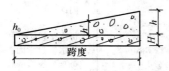

保温层计算厚度＝$H+h'$

H——为最薄处厚度；

h'——为找坡层平均折算厚度；

$$h' = \frac{h+h_0}{2}$$

73

5.15 现浇混凝土构件粉刷工程量折算参考表

现浇混凝土构件粉刷工程量折算参考

表 5-15

序号	项目	单位	粉刷面积（m²）	备注
1	无筋混凝土柱	m³	10.5	每米³构件的粉刷面积
2	钢筋混凝土柱	m³	10.0	每米³构件的粉刷面积
3	钢筋混凝土圆柱	m³	9.5	每米³构件的粉刷面积
4	钢筋混凝土单梁、连续梁	m³	12.0	每米³构件的粉刷面积
5	钢筋混凝土吊车梁	m³	1.9/8.1	金属屑/刷白（每立方米构件）
6	钢筋混凝土异形梁	m³	8.7	每米³构件的粉刷面积
7	钢筋混凝土墙	m³	8.3	单面（外面与内面同）
8	无筋混凝土墙	m³	8.0	单面（外面与内面同）
9	无筋混凝土挡土墙、地下室墙	m³	5.5	单面（外面与内面同）
10	毛石挡土墙及地下室墙	m³	5.0	单面（外面与内面同）
11	钢筋混凝土挡土墙、地下室墙	m³	5.8	单面（外面与内面同）
12	钢筋混凝土压顶	m	0.67	每延长米粉刷面积
13	钢筋混凝土暖气沟、电缆沟	m³	14.0/9.6	内面/外面
14	钢筋混凝土贮仓料斗	m³	7.5/7.5	内面/外面
15	无筋混凝土台阶	m³	20.0	
16	钢筋混凝土雨篷	m²	1.6	每水平投影面积
17	钢筋混凝土阳台	m²	1.8	每水平投影面积
18	钢筋混凝土拦板	m²	2.1	每垂直投影面积
19	钢筋混凝土平板	m²	10.8	每立方米粉刷面积
20	钢筋混凝土肋形板	m²	13.5	每立方米粉面积

5.16 预制混凝土构件粉刷工程量折算参考表

预制混凝土构件粉刷工程量折算参考

表 5-16

序号	项　　　目	单位	粉刷面积 （m²）	备　　注
1	矩形柱	m³	9.5	
2	I 形柱	m³	19.0	每立方米构件粉刷面积
3	双肢柱	m³	10.0	
4	矩形梁	m³	12.0	
5	吊车梁	m³	1.9/8.1	金属屑/刷白
6	T 形梁	m³	19	每立方米构件粉刷面积
7	大型屋面板	m³	44	底面
8	密肋形屋面板	m³	24	底面
9	平板	m³	11.5	底面
10	薄腹屋面梁	m³	12.0	
11	桁架	m³	20.0	每立方米构件粉刷面积
12	三角形屋架	m³	25.0	
13	檩条	m³	28.0	
14	天窗端壁	m³	30.0	双面粉刷

5.17 通风管道及部件油漆工程量表（部分）

通风管道及部件油漆工程量（部分）

表 5-17

编号	项目内容			规格 （mm）	单位	油漆工程量	
	通风管形状	钢板厚度 （δmm）	接口做法			钢板 （m²）	型钢 （kg）
一、薄钢板通风管道							
1	圆形风管	δ＝1mm 以内	咬口	150	10m²	10.70	23.50
2				265		10.70	37.10
3				375		10.70	36.10
4				495		10.70	33.70
5				595		10.70	35.60
6				775		10.70	36.80
7				1025		10.70	39.10
8				1200		10.70	40.70
9				1200 以上		10.70	49.40
10	矩形风管	δ＝1mm 以内	咬口	800	10m²	10.70	42.20
11				1200		10.70	37.80
12				1800		10.70	37.00
13				2400		10.70	31.70
14				3200		10.70	36.30
15				4000		10.70	41.00
16				5000		10.70	44.80
17				5000 以上		10.70	48.10

编号	项目内容			规格 （mm）	单位	油漆工程量	
	通风管形状	钢板厚度 （δmm）	接口做法			钢板 （m²）	型钢 （kg）
18				150		10.70	23.50
19				265		10.70	37.10
20				375		10.70	36.10
21				495		10.70	33.70
22	圆形风管	δ=1.5mm 以内	咬口	595	10m²	10.70	35.60
23				775		10.70	36.80
24				1025		10.70	39.10
25				1200		10.70	40.70
26				1200 以上		10.70	49.40
27				800		10.70	42.20
28				1200		10.70	37.80
29				1800		10.70	37.00
30	矩形风管	δ=1.5mm 以内		2400	10m²	10.70	31.70
31				3200		10.70	36.30
32				4000		10.70	41.00
33				5000		10.70	44.80
34				5000 以上		10.70	48.10

5.18 钢接地极和接地线的最小尺寸表

钢接地极和接地线的最小尺寸 表 5-18

名　　称	建筑物内	屋　　外	地　　下
圆钢直径（mm）	5	6	6
扁钢、截面（mm²）	24	24	48
厚度（mm）	3	4	4
角钢厚度（mm）	2	2.5	4
钢管管壁厚度（mm）	2.5	2.5	3.5

5.19 电压在 1000V 以下的电气设备、地面上外露的接地线最小截面表

电压在 1000V 以下的电气设备、地面上外露的接地线最小截面 表 5-19

名　　称	铜 （mm²）	铝 （mm²）	钢 （mm²）
钢导体	—	—	12
明设的裸导体	4	6	—
绝缘导体	1.5	2.5	—
电缆的接地芯线，或相线包在一保护外壳内的多芯导线的接地芯线	1	1.5	—

5.20 连接设备的导线预留长度表

连接设备的导线预留长度

表 5-20

序号	项 目	预留长度	说 明
1	各种开关箱、柜；板	高十宽	箱、柜的盘面尺寸
2	单独安装（无箱、盘）的铁壳开关、闸刀开关、启动器、母线槽进出线盒	0.3m	以安装对象中心算起
3	由地坪管子出口引至动力接线箱	1m	以管口计算
4	电源与管内穿线（管内穿线与软硬母线接头）	1.5m	以管口计算
5	出户线	1.5m	以管口计算

5.21 电气安装工程材料损耗率表

电气安装工程材料损耗率

表 5-21

序号	材 料 名 称	损耗率（%）
1	裸软导线（包括铜、铝、钢线、钢芯铝绞线）	1.3
2	绝缘导线（包括橡皮铜、铝线、塑料线、铅皮线、软花线）	1.8
3	电力电缆	1.0

序号	材 料 名 称	损耗率（％）
4	控制电缆	1.5
5	硬母线（包括铜、铝、钢、带型、管型、棒型、槽型）	1.3
6	拉线材料（包括钢绞线、镀锌铁线）	1.5
7	管材（包括无缝、焊接钢管及电线管）	3.0
8	板材（包括钢板、镀锌薄钢板）	4.0
9	型钢	5.0
10	管件（包括管箍、护口、锁紧螺母、管卡子等）	3.0
11	紧固件（包括螺栓、螺母、垫圈、弹簧垫圈）	2.0
12	金具（包括耐张、悬垂、并钩、卡接等线夹及联板）	0.5
13	木螺钉、圆钉	4.0
14	1kV 以上绝缘子	0.5
15	1kV 以下绝缘子	1.2
16	高压瓷横担	2.0
17	低压瓷横担	3.0
18	照明灯具及辅助器具（成套灯具、镇流器、电容器）	1.0
19	荧光灯、高压水银灯、氙气灯等灯泡	1.0
20	白炽灯泡	3.0
21	玻璃灯罩	5.0
22	胶木开关、灯头、插销等	2.0
23	低压电瓷制品（包括鼓形绝缘子、瓷夹板、瓷管）	3.0

序号	材 料 名 称	损耗率 （%）
24	低压保险器、瓷闸刀、铁壳开关、胶盖闸	1.0
25	塑料制品（包括塑料槽板、塑料板、塑料管）	5.0
26	木槽板、木护圈、方圆木台	5.0
27	木杆材料（包括木杆、横担、横木、桩木等）	0.2
28	混凝土制品（包括电杆、底盘、卡盘等）	0.3
29	石棉水泥板	8.0
30	变压器油	1.8
31	砖	1.0
32	砂子	7.0
33	石子	5.0
34	水泥	3.5

6. 常用建筑工程图例符号

6.1 土建工程

6.1.1 常用总平面图图例表

总 平 面 图 图 例

表 6-1

序号	名称	图 例	备 注
1	新建 建筑物	$X=$ $Y=$ ① 12*F*/2*D* $H=59.00$m	新建建筑物以粗实线表示与室外地坪相接处±0.00外墙定位轮廓线 建筑物一般以±0.00高度处的外墙定位轴线交叉点坐标定位。轴线用细实线表示,并标明轴线号 根据不同设计阶段标注建筑编号,地上、地下层数,建筑高度,建筑出入口位置(两种表示方法均可,但同一图纸采用一种表示方法) 地下建筑物以粗虚线表示其轮廓 建筑上部(±0.00以上)外挑建筑用细实线表示 建筑物上部连廊用细虚线表示并标注位置

序号	名称	图　例	备　注
2	原有 建筑物		用细实线表示
3	计划扩建 的预留地 或建筑物		用中粗虚线表示
4	拆除的 建筑物		用细实线表示
5	建筑物下面 的通道		—
6	铺砌场地		—
7	敞棚或敞廊		—

序号	名称	图 例	备 注
8	冷却塔（池）		应注明冷却塔或冷却池
9	水塔、贮罐	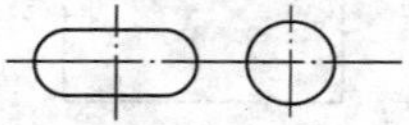	左图为卧式贮罐 右图为水塔或立式贮罐
10	水池、坑槽		也可以不涂黑
11	明溜矿 槽（井）	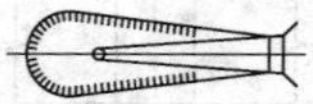	—
12	斜井或平硐	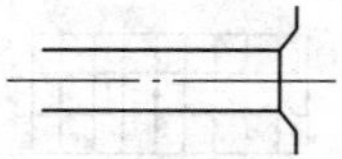	—
13	烟囱		实线为烟囱下部直径，虚线为基础，必要时可注写烟囱高度和上、下口直径

84

序号	名称	图　例	备　注
14	围墙及大门		—
15	挡土墙	▼5.00 △1.50	挡土墙根据不同设计阶段的需要 标注 墙顶标高 墙底标高
16	挡土墙上 设围墙		—
17	台阶及 无障碍坡道	1. 2. ←	1. 表示台阶（级数仅为示意） 2. 表示无障碍坡道
18	架空索道		"Ⅰ"为支架位置
19	斜坡 卷扬机道		—

序号	名称	图　例	备　注
20	坐标	1. $X=105.00$ $Y=425.00$ 2. $A=105.00$ $B=425.00$	1. 表示地形测量坐标系 2. 表示自设坐标系 坐标数字平行于建筑标注
21	方格网 交叉点标高	-0.50 | 77.85 78.35	"78.35"为原地面标高 "77.85"为设计标高 "—0.50"为施工高度 "—"表示挖方（"+"表示填方）
22	填方区、 挖方区、 未整平区 及零线	$+$ / $-$ $+$ / $-$	"+"表示填方区 "—"表示挖方区 中间为未整平区 点画线为零点线
23	填挖边坡		—

序号	名称	图例	备注
24	分水脊线与谷线		上图表示脊线 下图表示谷线
25	地表排水方向		—
26	截水沟	40.00	"1"表示1%的沟底纵向坡度,"40.00"表示变坡点间距离,箭头表示水流方向
27	排水明沟	107.50 / 40.00 ; 107.50 / 40.00	上图用于比例较大的图面 下图用于比例较小的图面 "1"表示1%的沟底纵向坡度,"40.00"表示变坡点间距离,箭头表示水流方向 "107.50"表示沟底变坡点标高(变坡点以"+"表示)

序号	名称	图 例	备 注
28	有盖板 的排水沟	$\longmapsto \frac{1}{40.00} \longmapsto$ $\longmapsto \frac{1}{40.00} \longmapsto$	—
29	雨水口	1. ▭ 2. ▭ 3. ▬▭▬	1. 雨水口 2. 原有雨水口 3. 双落式雨水口
30	消火栓井	⊘	—
31	急流槽	▨▶	箭头表示水流方向
32	跌水	➝	
33	过水路面	▭	—

序号	名称	图 例	备 注
34	室内地坪标高	151.00 (±0.00)	数字平行于建筑物书写
35	室外地坪标高	▼ 143.00	室外标高也可采用等高线
36	盲道		—
37	地下车库入口		机动车停车场
38	地面露天停车场		—
39	露天机械停车场		露天机械停车场

序号	名称	图 例	备 注
40	新建的道路		"$R=6.00$"表示道路转弯半径；"107.50"为道路中心线交叉点设计标高，两种表示方式均可，同一图纸采用一种方式表示；"100.00"为变坡点之间距离，"0.30%"表示道路坡度，━ 表示坡向
41	道路断面		1. 为双坡立道牙 2. 为单坡立道牙 3. 为双坡平道牙 4. 为单坡平道牙

序号	名称	图　例	备　注
42	原有道路		—
43	计划扩建的道路		—
44	拆除的道路		—
45	人行道		—
46	道路曲线段	JD α=95° R=50.00 T=60.00 L=105.00	主干道宜标以下内容： JD 为曲线转折点，编号应标坐标 α 为交点 T 为切线长 L 为曲线长 R 为中心线转弯半径 其他道路可标转折点、坐标及半径
47	道路隧道		—

序号	名称	图　例	备　注
48	架空电力、电信线	—○—代号—○—	"○"表示电杆 管线代号按国家现行有关标准的规定标注
49	常绿针叶乔木		—
50	落叶针叶乔木		—
51	常绿阔叶乔木		—
52	落叶阔叶乔木		—
53	常绿阔叶灌木		—

序号	名称	图 例	备 注
54	落叶阔叶灌木		—
55	落叶阔叶乔木林		—
56	常绿阔叶乔木林		—
57	常绿针叶乔木林		—
58	落叶针叶乔木林		—
59	针阔混交林		—

序号	名称	图 例	备 注
60	落叶灌木林		—
61	整形绿篱		—
62	草坪	1. 2. 3.	1. 草坪 2. 表示自然草坪 3. 表示人工草坪
63	花卉		—

序号	名称	图　例	备　注
64	竹丛		—
65	棕榈植物		—
66	水生植物		—
67	植草砖		—
68	土石假山		包括"土包石"、"石抱土"及假山

序号	名称	图 例	备 注
69	独立景石		—
70	自然水体		表示河流以箭头表示水流方向
71	人工水体		—
72	喷泉		—

6.1.2 常用建筑材料图例表

常用建筑材料图例

表 6-2

序号	名称	图例	说明
1	自然土壤		包括各种自然土壤
2	夯实土壤		—
3	砂、灰土		—
4	砂砾石、碎砖三合土		—
5	石材		—
6	毛石		—
7	普通砖		包括实心砖、多孔砖、砌块等砌体。断面较窄不易绘出图例线时，可涂红，并在图纸备注中加注说明，画出该材料的图例

序号	名称	图例	说明
8	耐火砖		包括耐酸砖等砌体
9	空心砖		指非承重砖砌体
10	饰面砖		包括铺地砖、马赛克、陶瓷锦砖、人造大理石等
11	焦渣、矿渣		包括与水泥、石灰等混合而成的材料
12	混凝土		1. 本图例指能承重的混凝土及钢筋混凝土 2. 包括各种强度等级、骨料、添加剂的混凝土 3. 在剖面图上画出钢筋时，不画图例线 4. 断面图形小，不易画出图例线时，可涂黑
13	钢筋混凝土		
14	多孔材料		包括水泥珍珠岩、沥青珍珠岩、泡沫混凝土、非承重加气混凝土、软木蛭石制品等

序号	名称	图 例	说 明
15	纤维材料		包括矿棉、岩棉、玻璃棉、麻丝、木丝板、纤维板等
16	泡沫塑料材料	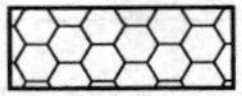	包括聚苯乙烯、聚乙烯、聚氨酯等多孔聚合物类材料
17	木材		1. 上图为横断面，左上图为垫木、木砖或木龙骨 2. 下图为纵断面
18	胶合板		应注明为×层胶合板
19	石膏板	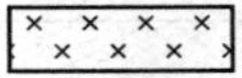	包括圆孔、方孔石膏板、防水石膏板、硅钙板、防火板等
20	金属		1. 包括各种金属 2. 图形小时，可涂黑
21	网状材料		1. 包括金属、塑料网状材料 2. 应注明具体材料名称
22	液体		应注明具体液体名称

序号	名称	图 例	说 明
23	玻璃		包括平板玻璃、磨砂玻璃、夹丝玻璃、钢化玻璃、中空玻璃、夹层玻璃、镀膜玻璃等
24	橡胶		—
25	塑料		包括各种软、硬塑料及有机玻璃等
26	防水材料		构造层次多或比例大时，采用上图例
27	粉刷		本图例采用较稀的点

注：序号1、2、5、7、8、13、14、16、17、18图例中的斜线、短斜线、交叉斜线等均为45°。

6.1.3 常用建筑构配件图例表

常用建筑构造及构配件图例

表 6-3

序　号	名　称	图　例	说　明
1	墙体		1. 上图为外墙，下图为内墙 2. 外墙细线表示有保温层或有幕墙 3. 应加注文字或涂色或图案填充表示各种材料的墙体 4. 在各层平面图中防火墙宜着重以特殊图案填充表示
2	隔断		1. 加注文字或涂色或图案填充表示各种材料的轻质隔断 2. 适用于到顶与不到顶隔断
3	玻璃幕墙		幕墙龙骨是否表示由项目设计决定
4	栏杆		—
5	楼梯		1. 上图为顶层楼梯平面，中图为中间层楼梯平面，下图为底层楼梯平面 2. 需设置靠墙扶手或中间扶手时，应在图中表示

序 号	名 称	图 例	说 明
6	坡道	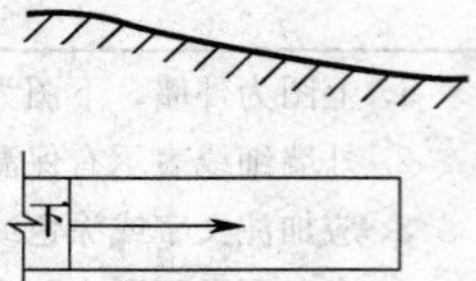	长坡道
		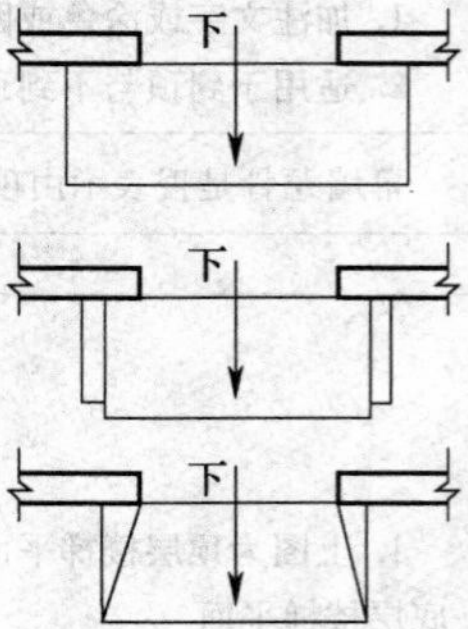	上图为两侧垂直的门口坡道，中图为有挡墙的门口坡道，下图为两侧找坡的门口坡道
7	台阶	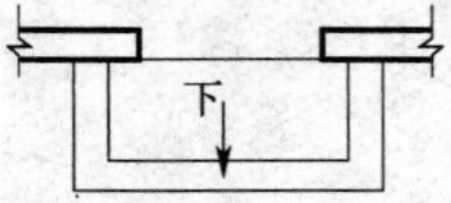	—

序 号	名 称	图 例	说 明
8	平面高差	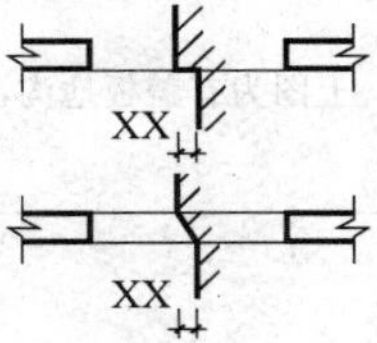 XX XX	用于高差小的地面或楼面交接处，并应与门的开启方向协调
9	检查口		左图为可见检查口，右图为不可见检查口
10	孔洞		阴影部分亦可填充灰度或涂色代替
11	坑槽		—
12	墙预留洞、槽	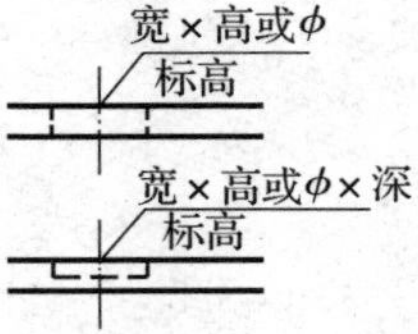 宽×高或φ 标高 宽×高或φ×深 标高	1. 上图为预留洞，下图为预留槽 2. 平面以洞（槽）中心定位 3. 标高以洞（槽）底或中心定位 4. 宜以涂色区别墙体和预留洞（槽）

序 号	名 称	图 例	说 明
13	地沟	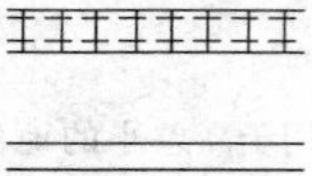	上图为有盖板地沟，下图为无盖板明沟
14	烟道	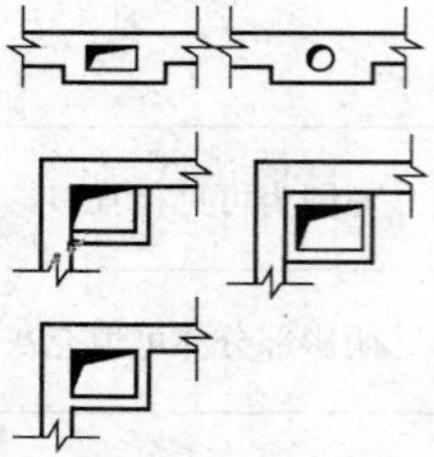	1. 阴影部分亦可填充灰度或涂色代替 2. 烟道、风道与墙体为相同材料，其相接处墙身线应连通 3. 烟道、风道根据需要增加不同材料的内衬
15	风道		

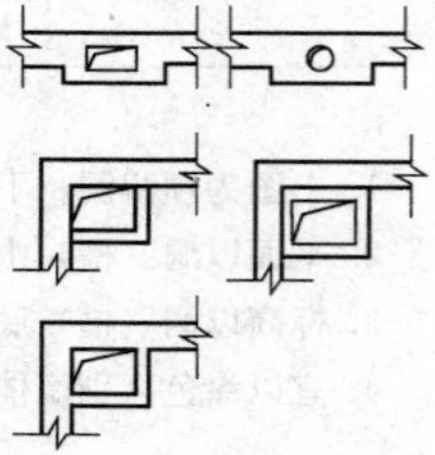

序 号	名 称	图 例	说 明
16	新建的墙和窗		—
17	改建时保留的墙和窗		只更换窗，应加粗窗的轮廓线
18	拆除的墙		—

序 号	名 称	图 例	说 明
19	改建时在原有墙或楼板新开的洞	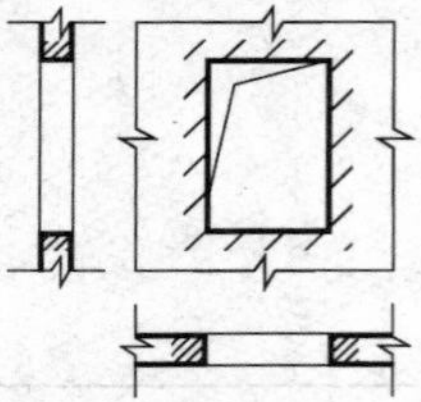	—
20	在原有墙或楼板洞旁扩大的洞	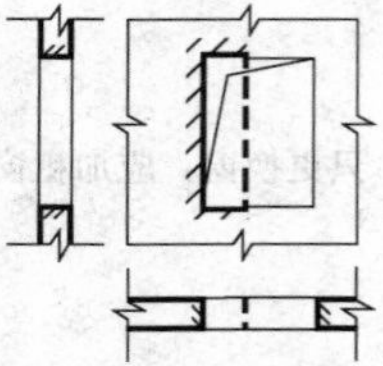	图示为洞口向左边扩大
21	在原有墙或楼板上全部填塞的洞	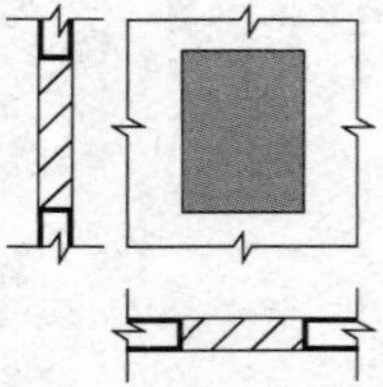	全部填塞的洞 图中立面填充灰度或涂色

序 号	名 称	图 例	说 明
22	在原有墙或楼板上局部填塞的洞	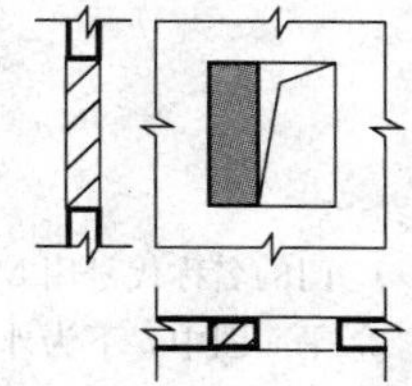	左侧为局部填塞的洞 图中立面填充灰度或涂色
23	空门洞	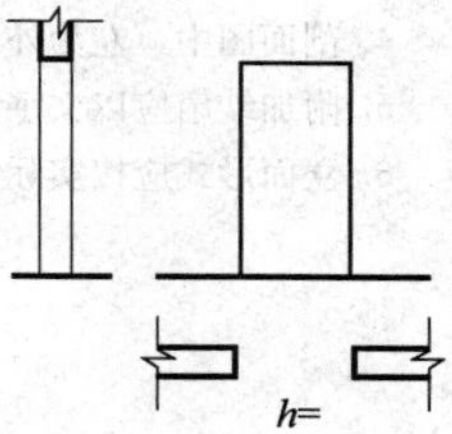	h 为门洞高度

序 号	名 称	图 例	说 明
24	单面开启单扇门（包括平开或单面弹簧）		1. 门的名称代号用 M 表示 2. 平面图中，下为外，上为内 门开启线为 90°、60° 或 45°，开启弧线宜绘出 3. 立面图中，开启线实线为外开，虚线为内开。开启线交角的一侧为安装合页一侧。开启线在建筑立面图中可不表示，在立面大样图中可根据需要绘出 4. 剖面图中，左为外，右为内 5. 附加纱扇应以文字说明，在平、立、剖面图中均不表示 6. 立面形式应按实际情况绘制
	双面开启单扇门（包括双面平开或双面弹簧）		
	双层单扇平开门		

序　号	名　称	图　例	说　明
25	单面开启双扇门（包括平开或单面弹簧）		1. 门的名称代号用 M 表示 2. 平面图中，下为外，上为内 门开启线为 90°、60°或 45°，开启弧线宜绘出 3. 立面图中，开启线实线为外开，虚线为内开。开启线交角的一侧为安装合页一侧。开启线在建筑立面图中可不表示，在立面大样图中可根据需要绘出 4. 剖面图中，左为外，右为内 5. 附加纱扇应以文字说明，在平、立、剖面图中均不表示 6. 立面形式应按实际情况绘制
	双面开启双扇门（包括双面平开或双面弹簧）		
	双层双扇平开门		

序 号	名 称	图 例	说 明
26	折叠门	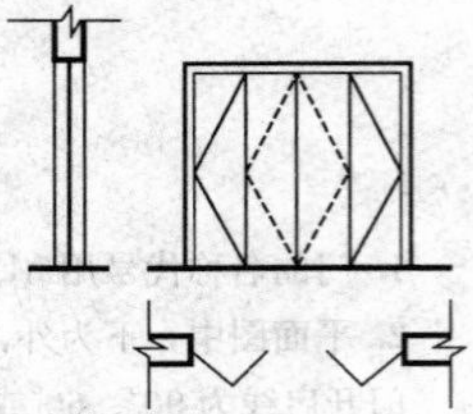	1. 门的名称代号用 M 表示 2. 平面图中,下为外,上为内 3. 立面图中,开启线实线为外开,虚线为内开。开启线交角的一侧为安装合页一侧 4. 剖面图中,左为外,右为内 5. 立面形式应按实际情况绘制
	推拉折叠门	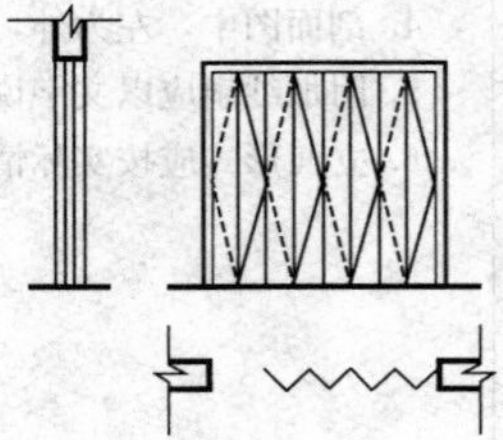	

序号	名 称	图 例	说 明
27	墙洞外单扇推拉门	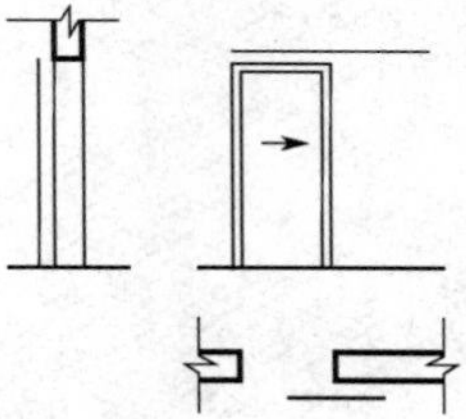	1. 门的名称代号用 M 表示 2. 平面图中，下为外，上为内 3. 剖面图中，左为外，右为内 4. 立面形式应按实际情况绘制
	墙洞外双扇推拉门	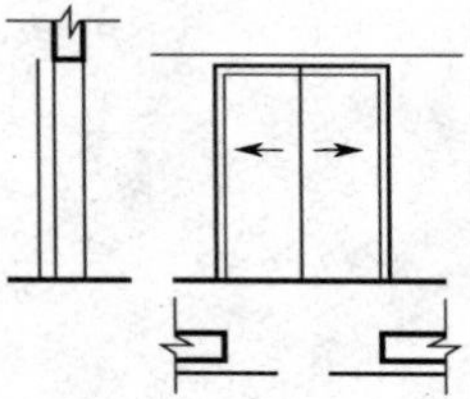	

序 号	名 称	图 例	说 明
27	墙中单扇推拉门		
	墙中双扇推拉门		1. 门的名称代号用 M 表示 2. 立面形式应按实际情况绘制

序　号	名　称	图　例	说　明
28	推杠门	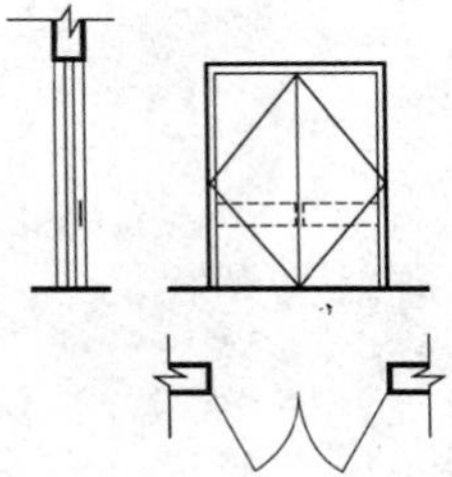	
29	门连扇	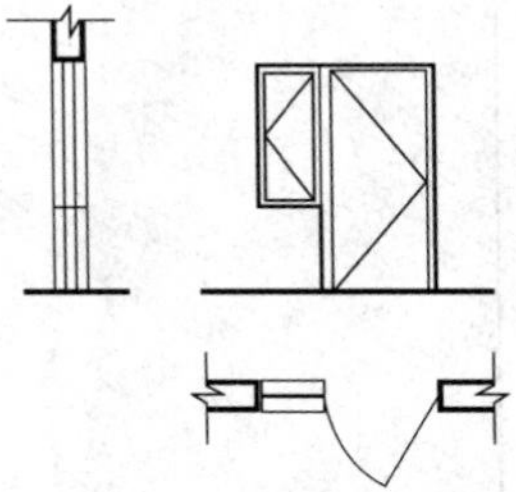	1. 门的名称代号用 M 表示 2. 平面图中，下为外，上为内 门开启线为 90°、60°或 45° 3. 立面图中，开启线实线为外开，虚线为内开。开启线交角的一侧为安装合页一侧。开启线在建筑立面图中可不表示，在室内设计门窗立面大样图中需绘出 4. 剖面图中，左为外，右为内 5. 立面形式应按实际情况绘制

序　号	名　称	图　例	说　明
30	旋转门		1. 门的名称代号用 M 表示 2. 立面形式应按实际情况绘制
	两翼智能旋转门		

序 号	名 称	图 例	说 明
31	自动门	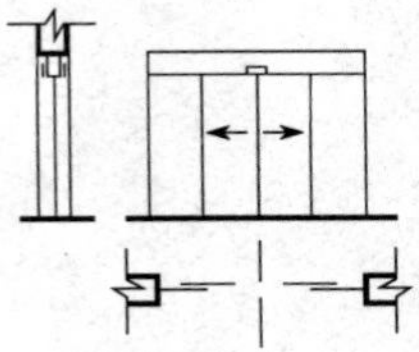	1. 门的名称代号用 M 表示 2. 立面形式应按实际情况绘制
32	折叠上翻门	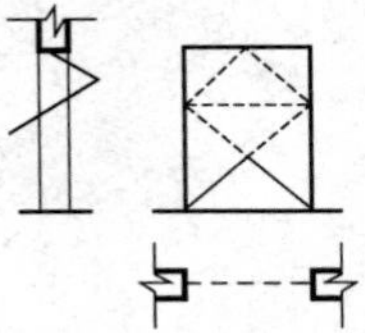	1. 门的名称代号用 M 表示 2. 平面图中，下为外，上为内 3. 剖面图中，左为外，右为内 4. 立面形式应按实际情况绘制

序 号	名 称	图 例	说 明
33	提升门		
34	分节提升门		1. 门的名称代号用 M 表示 2. 立面形式应按实际情况绘制

序 号	名 称	图 例	说 明
35	人防单扇防护密闭门		1. 门的名称代号按人防要求表示 2. 立面形式应按实际情况绘制
	人防单扇密闭门		

序　号	名　称	图　例	说　明
36	人防双扇防护密闭门		1. 门的名称代号按人防要求表示 2. 立面形式应按实际情况绘制
	人防双扇密闭门		

序　号	名　称	图　　例	说　　明
37	横向卷帘门		
	竖向卷帘门		—

序 号	名 称	图 例	说 明
37	单侧双层卷帘门		—
	双侧单层卷帘门		

序号	名称	图例	说明
38	固定窗	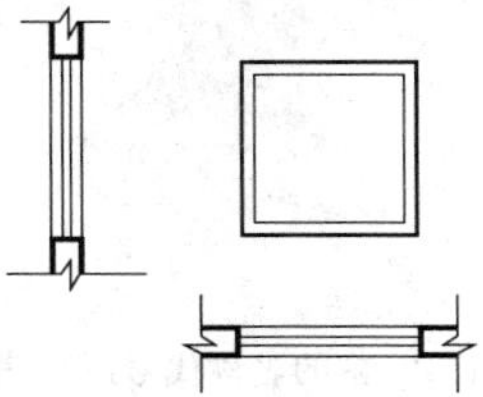	
39	上悬窗	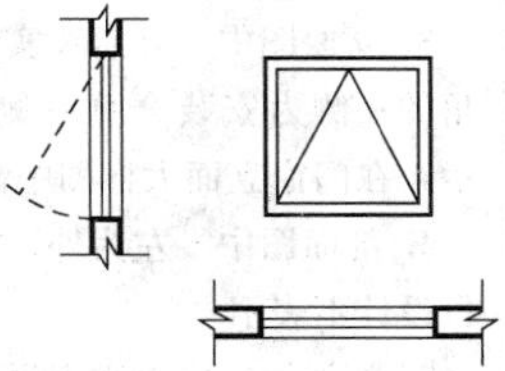	1. 窗的名称代号用 C 表示 2. 平面图中，下为外，上为内 3. 立面图中，开启线实线为外开，虚线为内开。开启线交角的一侧为安装合页一侧。开启线在建筑立面图中可不表示，在门窗立面大样图中需绘出 4. 剖面图中，左为外、右为内。虚线仅表示开启方向，项目设计不表示 5. 附加纱窗应以文字说明，在平、立、剖面图中均不表示 6. 立面形式应按实际情况绘制
40	下悬窗	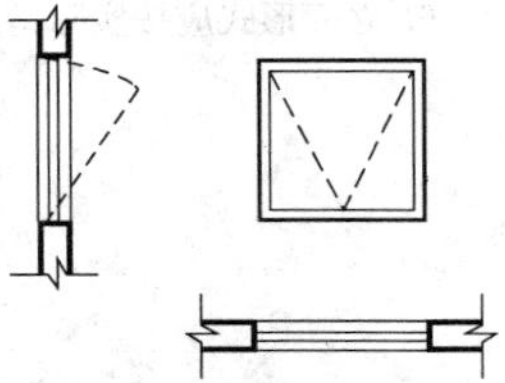	

序　号	名　称	图　例	说　明
41	立转窗	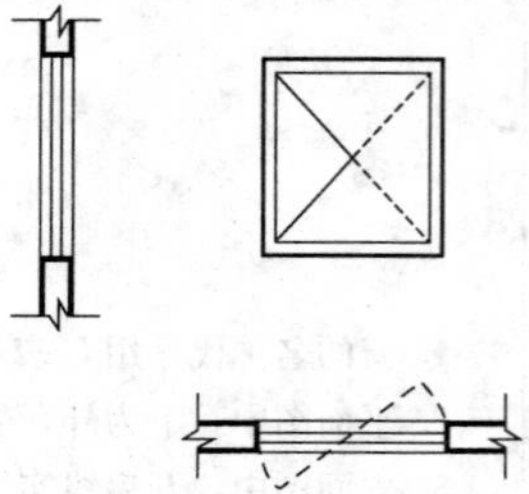	
42	内开平开内倾窗	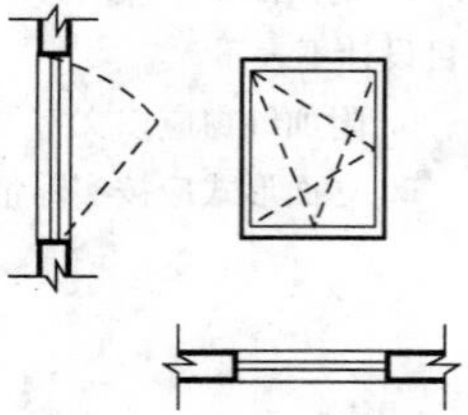	1. 窗的名称代号用 C 表示 2. 平面图中，下为外，上为内 3. 立面图中，开启线实线为外开，虚线为内开。开启线交角的一侧为安装合页一侧。开启线在建筑立面图中可不表示，在门窗立面大样图中需绘出 4. 剖面图中，左为外、右为内。虚线仅表示开启方向，项目设计不表示 5. 附加纱窗应以文字说明，在平、立、剖面图中均不表示 6. 立面形式应按实际情况绘制

序 号	名 称	图 例	说 明
43	单层外开平开窗	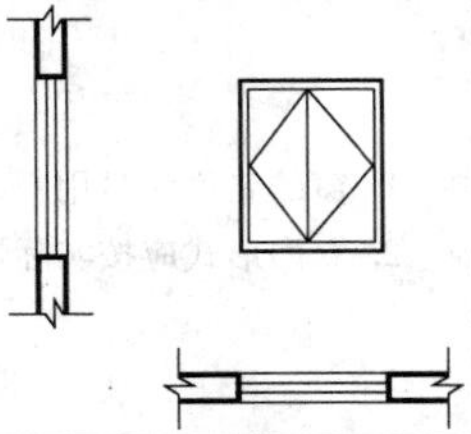	1. 窗的名称代号用 C 表示 2. 平面图中，下为外，上为内 3. 立面图中，开启线实线为外开，虚线为内开。开启线交角的一侧为安装合页一侧。开启线在建筑立面图中可不表示，在门窗立面大样图中需绘出 4. 剖面图中，左为外、右为内。虚线仅表示开启方向，项目设计不表示 5. 附加纱窗应以文字说明，在平、立、剖面图中均不表示 6. 立面形式应按实际情况绘制
	单层内开平开窗	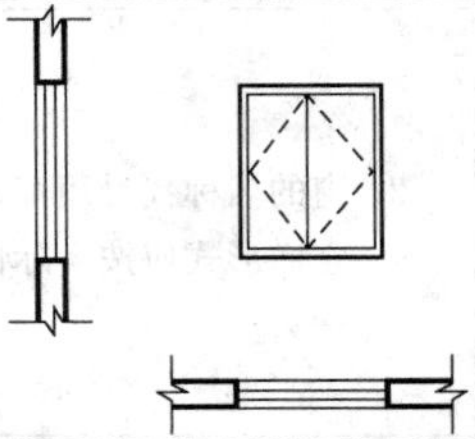	
	双层内外开平开窗	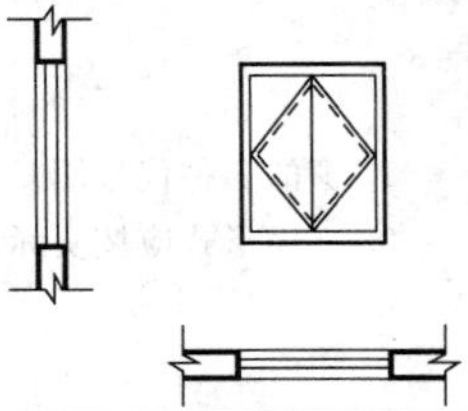	

序 号	名 称	图 例	说 明
44	单层推拉窗		1. 窗的名称代号用 C 表示 2. 立面形式应按实际情况绘制
	双层推拉窗		1. 窗的名称代号用 C 表示 2. 立面形式应按实际情况绘制
45	上推窗		1. 窗的名称代号用 C 表示 2. 立面形式应按实际情况绘制

序 号	名 称	图 例	说 明
46	百叶窗		1. 窗的名称代号用 C 表示 2. 立面形式应按实际情况绘制
47	高窗		1. 窗的名称代号用 C 表示 2. 立面图中，开启线实线为外开，虚线为内开。开启线交角的一侧为安装合页一侧。开启线在建筑立面图中可不表示，在门窗立面大样图中需绘出 3. 剖面图中，左为外、右为内 4. 立面形式应按实际情况绘制 5. h 表示高窗底距本层地面高度 6. 高窗开启方式参考其他窗型
48	平推窗		1. 窗的名称代号用 C 表示 2. 立面形式应按实际情况绘制

6.1.4 钢筋的一般表示方法表

1. 一般钢筋表示方法表

一般钢筋表示方法 表 6-4

序号	名 称	图 例	说 明
1	钢筋横断面	●	—
2	无弯钩的钢筋端部		下图表示长、短钢筋投影重叠时，短钢筋的端部用45°斜画线表示
3	带半圆形弯钩的钢筋端部		—
4	带直钩的钢筋端部		—
5	带丝扣的钢筋端部		—
6	无弯钩的钢筋搭接		—
7	带半圆弯钩的钢筋搭接		—
8	带直钩的钢筋搭接		—
9	花篮螺丝钢筋接头		—
10	机械连接的钢筋接头		用文字说明机械连接的方式（如冷挤压或直螺纹等）

2. 预应力钢筋表示方法表

预应力钢筋表示方法　　　　　　　　　　　　表 6-5

序号	名　　称	图　　例
1	预应力钢筋或钢绞线	——— · · ——— · · ———
2	后张法预应力钢筋断面、无粘结预应力钢筋断面	⊕
3	预应力钢筋断面	+
4	张拉端锚具	▷— · · —— · · —
5	固定端锚具	▷— · · —— · · —
6	锚具的端视图	⊕
7	可动连接件	—— · · ≡ · · ——
8	固定连接件	—— · · ┼ · · ——

3. 钢筋网片表

序号	名　　称	图　　例
1	一片钢筋网平面图	W-1
2	一行相同的钢筋网平面图	3W-1

注：用文字注明焊接网或绑扎网片。

4. 普通钢筋种类、符号和强度标准值表

种　　类		符号	直径 (mm)	强度标准值 (N/mm²)
热轧钢筋	HPB300 （Q235）（或 HPB235）	Φ	8～20	235
	HRB335 （20MnSi）	Φ	6～50	335
	HRB400 （20MnSiV、20MnSiNb、20MnTi）	Φ	6～50	400
	RRB400 （K20MnSi）	ΦR	8～40	400

5. 钢筋配置表示法表

表 6-8

序号	说 明	图 例
1	在结构平面图中配置双层钢筋时，底层钢筋的弯钩应向上或向左，顶层钢筋的弯钩则向下或向右	（底层）　（顶层）
2	钢筋混凝土墙体配双层钢筋时，在配筋立面图中，远面钢筋的弯钩应向上或向左，而近面钢筋的弯钩应向下或向右（JM 近面；YM 远面）	
3	若在断面图中不能表达清楚的钢筋布置，应在断面图外增加钢筋大样图（如钢筋混凝土墙、楼梯等）	

129

序号	说　　明	图　　例
4	图中所表示的箍筋、环筋等若布置复杂时，可加画钢筋大样及说明	
5	每组相同的钢筋、箍筋或环筋，可用一根粗实线表示，同时用一两端带斜短画线的横穿细线，表示其余钢筋及起止范围	

6. 钢筋焊接标注方法表

钢筋焊接标注方法　　　　表 6-9

序号	名　　称	接头形式	标注方法
1	单面焊接的钢筋接头		
2	双面焊接的钢筋接头		
3	用帮条单面焊接的钢筋接头		

序号	名　称	接头形式	标注方法
4	用帮条双面焊接的钢筋接头		
5	接触对焊的钢筋接头（闪光焊、压力焊）		
6	坡口平焊的钢筋接头		
7	坡口立焊的钢筋接头		
8	用角钢或扁钢做连接板焊接的钢筋接头		
9	钢筋或螺（锚）栓与钢板穿孔塞焊的接头		

6.2 给水排水工程图例

常用给水排水工程图例

表 6-10

名　称	图　例	名　称	图　例
生活给水管	——— J ———	洗脸盆	
污水管	——— W ———	清扫口	系统　平面
水嘴	平面　系统	止回阀	
室外消火栓		球阀	
通气帽	成品　铅丝球	盥洗槽	
存水弯		方沿浴盆	
截止阀	$DN \geqslant 50$　$DN < 50$	拖布盆	

名　称	图　例	名　称	图　例
壁挂式小便器		圆形地漏	 平面　　　系统
小便槽		自动冲水箱	
蹲式大便器		室内消火栓（双口）	平面 系统
坐式大便器		卧式水泵	 平面　　　系统 或
淋浴喷头		管道清扫口	 平面　　　系统
水泵接合器		室内消火栓（单口）	 平面　　　系统

6.3 电气工程

6.3.1 常用电气、照明和电信平面布置图例

名　称	图　例	名　称	图　例
多种电源配电箱（屏）		荧光灯一般符号	
照明配电箱		三管荧光灯	
断路器		五管荧光灯	
隔离开关		防爆荧光灯	
灯或信号灯的一般符号		暗装单相两线插座	
防火防尘灯		暗装单相带接地插座	
		暗装三相带地插座	

134

名　称	图　例	名　称	图　例
明装单相两线插座		室内分线盒	
明装单相带接地插座		单极接线开关	
明装三相带接地插座		明装单极开关	
防爆三相插座		暗装单极开关	
向上配线		双极开关	
向下配线		暗装二极开关	
垂直通过配线		定时开关	
事故照明配电箱（屏）		钥匙开关	
壁龛交接箱			

6.3.2 常用电气设备文字符号

常用电气设备文字符号

设备、装置和元器件种类	举　例		基本文字符号	
	中文名称	英文名称	单字母	双字母
组件部分	分离元件放大器	Amplifier using discrete components	A	
	激光器	Laser		
	调节器	Regulator		
	本表其他地方未提及的组件、部件			
	电桥	Bridge		AB
	晶体管放大器	Transistor amplifier		AD
	集成电路放大器	Integrated circuit amplifier		AJ
	磁放大器	Magnetic amplifier		AM
	电子管放大器	Valve amplifier		AV
	印制电路板	Printed circuit board		AP
	抽屉柜	Drawer		AT
	支架盘	Rack		AR
	天线放大器	Antenna amplifier		AA
	频道放大器	Channel amplifier		AC

设备、装置和元器件种类	举　例		基本文字符号	
	中文名称	英文名称	单字母	双字母
组件部分	控制屏（台）	Control panel（desk）	A	AC
	电容器屏	Capacitor panel		AC
	应急配电箱	Emergency distribution box		AE
	高压开关柜	High voyage switch gear		AH
	前端设备	Headed equipment（Head end）		AH
	刀开关箱	Knife switch board		AK
	低压配电屏	Low voltage distribution panel		AL
	照明配电箱	Illumination distrbution board		AL
	线路放大器	Line amplifier		AL
	自动重合闸装置	Automatic recloser		AR
	仪表柜	Instrument cubicle		AS
	模拟信号板	Map（Mimic）board		AS
	信号箱	Signal box（board）		AS
	稳压器	Stabilizer		AS
	同步装置	Synchronizer		AS
	接线箱	Connecting box		AW
	插座箱	Socket box		AX
	动力配电箱	Power distribution board		AP

6.4 通风空调工程

6.4.1 风道代号

风 道 代 号

表 6-13

序　号	代　号	管道名称	备　注
1	SF	送风管	—
2	HF	回风管	一、二次回风可附加 1、2 区别
3	PF	排风管	—
4	XF	新风管	—
5	PY	消防排烟风管	—
6	ZY	加压送风管	—
7	P（Y）	排风排烟兼用风管	—
8	XB	消防补风风管	—
9	S（B）	送风兼消防补风风管	—

6.4.2 风道、阀门及附件图例

风道、阀门及附件图例

表 6-14

序号	名　称	图　例	备　注
1	矩形风管	***×***	宽×高（mm）
2	圆形风管	ϕ***	ϕ 直径（mm）
3	风管向上		—
4	风管向上		—
5	风管上升摇手弯		—
6	风管下降摇手弯		—
7	天圆地方		左接矩形风管，右接圆形风管
8	软风管		—

序号	名　称	图　例	备　注
9	圆弧形弯头		—
10	带导流片的矩形弯头		
11	消声器		
12	消声弯头		—
13	消声静压箱		
14	风管软接头		
15	对开多叶调节风阀		—
16	蝶　阀		

序号	名　称	图　例	备　注
17	插板阀		—
18	止回风阀		—
19	余压阀	DPV　　DPV	—
20	三通调节阀		—
21	防烟、防火阀	＊＊＊　　＊＊＊	＊＊＊表示防烟、防火阀名称代号
22	方形风口		—
23	条缝形风口		—

序号	名　称	图　例	备　注
24	矩形风口		—
25	圆形风口		—
26	侧面风口		—
27	防雨百叶		—
28	检修门		—
29	气流方向		左为通用表示法，中表示送风，右表示回风
30	远程手控盒	B	防排烟用
31	防雨罩		—

6.4.3 水、汽管道代号

水、汽管道代号

表 6-15

序　号	代　号	管 道 名 称	备　注
1	RG	采暖热水供水管	可附加 1、2、3 等表示一个代号、不同参数的多种管道
2	RH	采暖热水回水管	可通过实线、虚线表示供、回关系省略字母 G、H
3	LG	空调冷水供水管	—
4	LH	空调冷水回水管	—
5	KRG	空调热水供水管	—
6	KRH	空调热水回水管	—
7	LRG	空调冷、热水供水管	—
8	LRH	空调冷、热水回水管	—
9	LQG	冷却水供水管	—
10	LQH	冷却水回水管	—
11	n	空调冷凝水管	—
12	PZ	膨胀水管	—
13	BS	补水管	—

序　号	代　号	管　道　名　称	备　注
14	X	循环管	—
15	LM	冷媒管	—
16	YG	乙二醇供水管	—
17	YH	乙二醇回水管	—
18	BG	冰水供水管	—
19	BH	冰水回水管	—
20	ZG	过热蒸汽管	—
21	ZB	饱和蒸汽管	可附加 1、2、3 等表示一个代号、不同参数的多种管道
22	Z2	二次蒸汽管	—
23	N	凝结水管	—
24	J	给水管	—
25	SR	软化水管	—
26	CY	除氧水管	—
27	GG	锅炉进水管	—

序　　号	代　　号	管　道　名　称	备　　　注
28	JY	加药管	—
29	YS	盐溶液管	—
30	XI	连续排污管	—
31	XD	定期排污管	—
32	XS	泄水管	—
33	YS	溢水（油）管	—
34	R_1G	一次热水供水管	—
35	R_1H	一次热水回水管	—
36	F	放空管	—
37	FAQ	安全阀放空管	—
38	O1	柴油供油管	—
39	O2	柴油回油管	—
40	OZ1	重油供油管	—
41	OZ2	重油回油管	—
42	OP	排油管	—

6.4.4 水、汽管道阀门和附件图例

水、汽管道阀门和附件图例

表 6-16

序 号	名 称	图 例	备 注
1	截止阀		—
2	闸阀		—
3	球阀		—
4	柱塞阀		—
5	快开阀		—
6	蝶阀		
7	旋塞阀		—
8	止回阀		
9	浮球阀		
10	三通阀		—

序　号	名　　称	图　　例	备　注
11	平衡阀		—
12	定流量阀		—
13	定压差阀		—
14	自动排气阀		—
15	集气罐、放气阀		—
16	节流阀		—
17	调节止回关断阀		水泵出口用
18	膨胀阀		—
19	排入大气或室外		—
20	安全阀		—
21	角阀		—

序　号	名　称	图　例	备　注
22	底阀		—
23	漏斗		—
24	地漏		—
25	明沟排水		—
26	向上弯头		—
27	向下弯头		—
28	法兰封头或管封		—
29	上出三通		—
30	下出三通		—
31	变径管		—
32	活接头或法兰连接		—

序　号	名　称	图　例	备　注
33	固定支架		—
34	导向支架		—
35	活动支架		—
36	金属软管		—
37	可屈挠橡胶软接头		—
38	Y形过滤器		—
39	疏水器		—
40	减压阀		左高右低
41	直通型（或反冲型）除污器		—
42	除垢仪		—
43	补偿器		—
44	矩形补偿器		—

序 号	名 称	图 例	备 注
45	套管补偿器		—
46	波纹管补偿器		—
47	弧形补偿器		—
48	球形补偿器		—
49	伴热管		—
50	保护套管		—
51	爆破膜		—
52	阻火器		—
53	节流孔板、减压孔板		—
54	快速接头		—
55	介质流向	→或⇒	在管道断开处时，流向符号宜标注在管道中心线上，其余可同管径标注位置
56	坡度及坡向	$i=0.003$ 或 $i=0.003$	坡度数值不宜与管道起、止点标高同时标注。标注位置同管径标注位置

6.4.5 暖通空调设备图例

暖通空调设备图例

表 6-17

序　号	名　　　称	图　　例	备　　注
1	散热器及手动放气阀		左为平面图画法，中为剖面图画法，右为系统图（Y轴侧）画法
2	散热器及温控阀		—
3	轴流风机		—
4	轴（混）流式管道风机		—
5	离心式管道风机		—
6	吊顶式排气扇		—
7	水泵		—

序号	名称	图例	备注
8	手摇泵		—
9	变风量末端		
10	空调机组加热、冷却盘管		从左到右分别为加热、冷却及双功能盘管
11	空气过滤器		从左至右分别为粗效、中效及高效
12	挡水板		—
13	加湿器		—
14	电加热器		—
15	板式换热器		—

152

序　号	名　　称	图　　例	备　　注
16	立式明装风机盘管		—
17	立式暗装风机盘管		—
18	卧式明装风机盘管		—
19	卧式暗装风机盘管		—
20	窗式空调器		—
21	分体空调器	室内机　室外机	—
22	射流诱导风机		—
23	减振器		左为平面图画法，右为剖面图画法